虾米妈咪
营养辅食黄金方案

6~12月龄卷

儿科医生 虾米妈咪 著

北京理工大学出版社
BEIJING INSTITUTE OF TECHNOLOGY PRESS

图书在版编目（CIP）数据

虾米妈咪营养辅食黄金方案 . 6-12 月龄卷 / 虾米妈咪著 . — 北京：北京理工大学出版社 , 2020.5

ISBN 978-7-5682-8339-7

Ⅰ . ①虾… Ⅱ . ①虾… Ⅲ . ①婴幼儿 – 食谱 Ⅳ . ① TS972.162

中国版本图书馆 CIP 数据核字 (2020) 第 055947 号

出版发行 / 北京理工大学出版社有限责任公司

社　　址 / 北京市海淀区中关村南大街 5 号

邮　　编 / 100081

电　　话 /（010）68914775（总编室）

　　　　　（010）82562903（教材售后服务热线）

　　　　　（010）68948351（其他图书服务热线）

网　　址 / http://www.bitpress.com.cn

经　　销 / 全国各地新华书店

印　　刷 / 雅迪云印（天津）科技有限公司

开　　本 / 710 毫米 ×1000 毫米　1/16

印　　张 / 12.75　　　　　　　　　　　　　　责任编辑 / 李慧智

字　　数 / 165 千字　　　　　　　　　　　　　文案编辑 / 李慧智

版　　次 / 2020 年 5 月第 1 版　2020 年 5 月第 1 次印刷　　责任校对 / 刘亚男

定　　价 / 59.00 元　　　　　　　　　　　　　责任印制 / 施胜娟

经历了漫长的十月怀胎，小宝宝降临到这个奇妙的世界。初为人父母既令人兴奋，又让人忐忑，如何哺育养护好自己的小宝贝，如何让他聪明、健康、快乐地成长是新手爸爸、新手妈妈们焦虑和担忧的问题，也是我们儿科医生经常被咨询到的问题。

在宝宝出生后最初的4～6个月里，小宝宝是母乳喂养（少数宝宝可能因为一些特殊原因食用配方奶粉或者混合喂养），妈妈喂，宝宝吃，母子双方"配合"默契，孩子日长夜大，母亲的心情很是宽慰。宝宝满4～6足月后，如果继续只是维持奶类喂养，不能满足生长发育的需求，将会出现营养不良或营养素缺乏，因此需要及时添加辅食。原先"和谐"的母子关系，就开始出现了"冲突"——母亲喂辅食，宝宝"挺舌"表示"抗议"。此时母亲的态度，是"妥协"或者"坚持"？"妥协"肯定对宝宝无益，但"坚持"则需要有可行的方法和策略。

本书在为宝宝及时添加辅食方面，给家长们提供了"锦囊妙计"——有针对性、可操作性的具体方法：根据宝宝不同月龄，给出了合适的作息参考、科学的饮食搭配、实用的指导意见，给宝宝提供了既有营养又色、香、味俱全的中、西餐点，给家长提供了详尽的辅食添加方案、详细的餐点制作步骤和直观的照片视频参考。

余高妍医生曾于5年前（2014年）出版《虾米妈咪育儿正典》，出版后成为畅销的育儿书籍。5年之后又出版《虾米妈咪营养辅食黄金方案》系列书籍，《虾米妈咪营养辅食黄金方案（6～12月龄卷）》《虾米妈咪营养辅食黄金方案（13～24月龄卷）》《辅食怎么吃，宝宝更健康》《辅食怎么做，宝宝爱上吃》，为年轻父母又增添了一组得力帮手。

愿您从本书受益，祝您的宝宝茁壮成长。

上海交通大学医学院附属新华医院儿科教授　许积德

2019年10月

希望为大家提供一套看得见、用得上、真正可以实操的养育方案

许积德教授约我去面批书稿，400多页的稿子，任何瑕疵在老师面前都无处遁形。回家之后把老师的意见梳理并批注在电子书稿中，誊完已是凌晨。

许积德教授今年已经89岁高龄，是我们早前几版《儿科学》《儿童保健学》教材的主编，博学严谨得就像一本活教科书。我毕业十几年了，每次看望老师都不好意思"空着手去"，从"育儿正典"到"黄金方案"，我都努力准备充分才敢鼓足勇气去请老师给予意见。

辅食书原计划是安排在《育儿正典》的疾病分册之后。5年前，完成《育儿正典》的养育分册，我正着手准备疾病分册，从众多家长的反馈中，我发现，由于我们临床儿保医生的喂养指导比较简单，家长没有渠道去获取足够细致的喂养知识，而许多疾病其实都与不恰当的喂养有关。我想，如果大家对辅食添加能够更加重视些，医生的指导能够更加细致些，实操的方法能够更加可行些，那么，一些婴幼儿期的疾病或许是可以避免的，一些青少年或成人后的疾病或许是可以预防的，因此我把新书方向重新着眼于婴幼儿的喂养上。

其实，对很多家长来说，他们并不知道怎样才算均衡，怎样才算足够，甚至完全不知道该给孩子吃什么，所以才会诉诸额外（过度依赖）补充保健品。而对我们很多儿科医生来说，宝宝在辅食添加前后出现铁缺乏、易感染疾病、生长曲线下降……实在是看得太多，几乎已经习以为常了。我们深知辅食添加实际操作起来很不容易，无论是食材的选择、搭配，还是给不同月龄阶段的宝宝提供合适的食物质地、大小、分量……作为儿保医生，我们的喂养指导确实还有很多进步空间。

根据家长们的需求，我设计了不同生长发育阶段宝宝的一日作息参考、一周或一月饮食举例、常见食材的制备方法等，并就每个阶段的热点问题进行了解答，就每个常见食材的营养和功能进行了点评；且所有一周或一月饮食举例中涉及的菜谱（见第一章的饮食举例表）

都——配有详细的制作步骤（见第二章的食材菜谱）、成品照片和过程视频，所有照片和视频都严格按照制作流程细节拍摄，力图直观地呈现辅食质地、大小、分量，让所见如所得。

以往，我常与家长们说：不要偏信数据，我们不是养育"数据"、治疗"数据"的……但在这次的辅食书中，我为大家提供了大量的数据，比如大小（切成边长多少厘米）、比如分量（精确到了克和毫升），希望给大家更明确的参考、更直观的感受，更是希望告诉家长只要吃对、吃好、吃够，没有必要硬给孩子吃得太多。

我又特别根据不同月龄孩子的发育水平、营养需求、消化能力等特点，设计了不同阶段的菜谱和制作方法，每个菜谱的质地和分量是按照该月龄的P_{50}体重（平均体重）孩子来设计的。理论上，处于某个月龄的P_{50}体重孩子，照着该月龄的"一月/一周饮食举例"吃，可以基本满足他生长发育所需的能量和营养。如果孩子运动少或者吸收好可能所需会略微低于P_{50}体重孩子推荐量，如果孩子运动多或者吸收差可能所需会略微高于该推荐量；高于P_{50}体重的孩子要满足他生长发育所需的能量和营养会略微高于P_{50}体重孩子的，而低于P_{50}体重的孩子要满足他生长发育所需的能量和营养会略微低于P_{50}体重孩子的，但低于P_{50}体重的孩子为了追赶生长可能所需会略微高于P_{50}体重孩子推荐量……

为了能让宝宝吃对、吃好、吃够，这套辅食书一写就是四年多，近1500个日日夜夜，经历了一次又一次的修订完善。在计算核定热量营养时，一个数据的小小改变都是牵一发而动全身的，甚至为了几个数据熬通宵计算……我深知，书中所及的数据和观点一定要简洁准确，书中提到的食材一定要容易获取，在食材的选择和搭配上，力求减少南北差异，书中例举的制作一定要容易成功，在制作方法的选择和考量上，力求减少营养损失，此外，我提倡宝宝餐和大人餐一起制作，在制作步骤上亦有体现，希望家长能够跟着孩子一起健康饮食。

宝宝营养辅食方向共有4册图书要出版，除了本次出版的《虾米妈咪营养辅食黄金方案（6～12月龄卷）》和《虾米妈咪营养辅食黄金方案（13～24月龄卷）》，还有《辅食怎么吃，宝宝更健康》和《辅食怎么做，宝宝爱上吃》预计明年出版。正如老师说的："等了好几年，终于看到了，却还是一半！"其实我内心也有焦虑，可有些事情只能循序渐进。我心中只有一个念想——希望为大家提供一套看得见、用得上、真正可以实操的养育方案。这已成为我此生的执念。

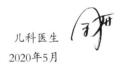

儿科医生

2020年5月

目 录
Contents

第一章　不同月龄阶段的辅食添加攻略

第一节 辅食添加攻略之基础入门

先了解什么是辅食 ……………………………… 2

为什么要添加辅食 ……………………………… 2

　提供宝宝更丰富营养 ………………………… 2

　强化宝宝的消化功能 ………………………… 2

　促进宝宝的智能发展 ………………………… 3

　培养良好的饮食习惯 ………………………… 3

何时开始添加辅食 ……………………………… 3

　满4月龄前添加辅食为时尚早 ……………… 4

　满6月龄后添加辅食较为合适 ……………… 4

　辅食添加的时间也并非一刀切 ……………… 4

开始添加辅食的信号 …………………………… 5

　观察宝宝生长 ………………………………… 5

　观察宝宝发育 ………………………………… 5

　观察宝宝行为 ………………………………… 5

　观察原始反射 ………………………………… 5

添加辅食的几个原则 ……………………………………………… 5

   种类由少到多 ……………………………………………… 6

   质地由细到粗 ……………………………………………… 6

   少量多次尝试 ……………………………………………… 7

   尽量不加调料 ……………………………………………… 7

   尽量现做现吃 ……………………………………………… 8

   选择合适契机 ……………………………………………… 8

   用勺子正确喂 ……………………………………………… 8

添加辅食的几个阶段 ……………………………………………… 9

   不同阶段的辅食添加概况 ………………………………… 9

   不同阶段的辅食质地和计量 ……………………………… 10

怎样的辅食才算是好辅食 ………………………………………… 17

   最重要的是安全 …………………………………………… 17

   最基本的是卫生 …………………………………………… 17

   考虑营养和搭配 …………………………………………… 17

   选择容易消化的 …………………………………………… 17

   选择原味清淡的 …………………………………………… 17

如何判断并避免食物过敏 ………………………………………… 18

   过敏一般都有家族性 ……………………………………… 18

   别混淆过敏和不耐受 ……………………………………… 18

   三种类型的过敏反应 ……………………………………… 18

   食物过敏的可能表现 ……………………………………… 19

   如何确定致敏的食物 ……………………………………… 19

   发生食物过敏怎么办 ……………………………………… 19

   如何能避免食物过敏 ……………………………………… 20

容易被忽视的易过敏食物及其改善策略 ………………………… 21

最初两周的辅食添加举例 ………………………………………… 22

第二节 吞咽期（满6月龄）如何添加辅食

吞咽期（满6月龄）宝宝的发育水平 ································· 23

    满6月龄的身长 ································· 23

    满6月龄的体重 ································· 23

    满6月龄的牙齿 ································· 23

吞咽期（满6月龄）宝宝的营养需求 ································· 23

吞咽期（满6月龄）宝宝的消化能力 ································· 23

吞咽期（满6月龄）宝宝的一日作息参考 ································· 24

吞咽期（满6月龄）宝宝的一月饮食举例 ································· 25

吞咽期（满6月龄）宝宝常见辅食的制作 ································· 28

儿科医生妈妈就吞咽期的常见问题答疑 ································· 29

    给宝宝添加辅食要遵循特别的顺序吗？ ································· 29

    哪种食物适合作为宝宝的第一口辅食？ ································· 30

    辅食添加后每天需要给宝宝吃多少奶？ ································· 31

    辅食添加后每天需要给宝宝喂多少水？ ································· 32

    辅食添加后要给宝宝喝鲜榨水果汁吗？ ································· 33

    应该选择国产还是美产的强化铁米粉？ ································· 35

第三节 蠕嚼期（满7～8月龄）如何添加辅食

蠕嚼期（满7～8月龄）宝宝的发育水平 ································· 36

    满7月龄的身长 ································· 36

    满7月龄的体重 ································· 36

    满8月龄的身长 ································· 36

    满8月龄的体重 ································· 36

    满7～8月龄的牙齿 ································· 36

蠕嚼期（满7～8月龄）宝宝的营养需求 ································· 37

蠕嚼期（满7～8月龄）宝宝的消化能力 ……………………………………… 37

蠕嚼期（满7～8月龄）宝宝的一日作息参考 …………………………………… 38

蠕嚼期（满7～8月龄）宝宝的一月饮食举例 …………………………………… 39

蠕嚼期（满7～8月龄）宝宝常见辅食的制作 …………………………………… 42

儿科医生妈妈就蠕嚼期的常见问题答疑 ………………………………………… 43

　　宝宝一吃辅食就吐出来或干呕怎么办？ …………………………………… 43

　　宝宝只愿意吃奶不愿意吃辅食怎么办？ …………………………………… 44

　　选择自制婴儿辅食还是购买婴儿食品？ …………………………………… 45

　　自制辅食如何存储及避免硝酸盐影响？ …………………………………… 46

　　几种食材混合吃还是一种一种单独吃？ …………………………………… 47

　　可以给宝宝喝市售的酸奶吗？如何选择？ ………………………………… 48

第四节 细嚼期（满9～10月龄）如何添加辅食

细嚼期（满9～10月龄）宝宝的发育水平 ……………………………………… 49

　　满9月龄的身长 ……………………………………………………………… 49

　　满9月龄的体重 ……………………………………………………………… 49

　　满10月龄的身长 …………………………………………………………… 49

　　满10月龄的体重 …………………………………………………………… 49

　　满9～10月龄的牙齿 ………………………………………………………… 49

细嚼期（满9～10月龄）宝宝的营养需求 ……………………………………… 50

细嚼期（满9～10月龄）宝宝的消化能力 ……………………………………… 50

细嚼期（满9～10月龄）宝宝的一日作息参考 ………………………………… 51

细嚼期（满9～10月龄）宝宝的一周饮食举例 ………………………………… 52

细嚼期（满9～10月龄）宝宝常见辅食的制备 ………………………………… 54

儿科医生妈妈就细嚼期的常见问题答疑 ………………………………………… 55

　　什么时候开始能给宝宝一点手指食物？ …………………………………… 55

辅食添加期间宝宝皮肤变黄了怎么办？ ·········· 56

辅食添加期间宝宝吃什么拉什么怎么办？ ·········· 56

辅食添加期宝宝吃得多拉得多怎么办？ ·········· 58

辅食添加期宝宝光吃不长体重怎么办？ ·········· 59

可以给宝宝吃市售的奶酪吗？如何选择？ ·········· 60

第五节 咀嚼期（满11～12月龄）如何添加辅食

咀嚼期（满11～12月龄）宝宝的发育水平 ·········· 61

满11月龄的身长 ·········· 61

满11月龄的体重 ·········· 61

满12月龄的身长 ·········· 61

满12月龄的体重 ·········· 61

满11～12月龄的牙齿 ·········· 61

咀嚼期（满11～12月龄）宝宝的营养需求 ·········· 62

咀嚼期（满11～12月龄）宝宝的消化能力 ·········· 62

咀嚼期（满11～12月龄）宝宝的一日作息参考 ·········· 63

咀嚼期（满11～12月龄）宝宝的一周饮食举例 ·········· 64

咀嚼期（满11～12月龄）宝宝常见辅食的制备 ·········· 66

儿科医生妈妈就咀嚼期的常见问题答疑 ·········· 67

宝宝还没长牙可以开始吃块状食物吗？ ·········· 67

辅食添加以后宝宝经常便秘该怎么办？ ·········· 67

要给宝宝吃点粗粮吗？吃多少才合适呢？ ·········· 68

宝宝胃口差、过敏、便秘要补充益生菌吗？ ·········· 69

宝宝生病期间的辅食添加要注意哪些？ ·········· 70

可以选择儿童酱油给宝宝辅食调味吗？ ·········· 71

第二章　让宝宝爱上吃的辅食添加攻略

第一节 常见食材的辅食添加攻略

稻米 74

二米粥 75　　　　蔬菜粥 76　　　　南瓜米糕 77

肉末肠粉 78　　　　五彩焖饭 79　　　　山药猪肝烩饭 80

宫保鸡丁炒饭（改良版）81

小麦粉（标准粉）82

烂面片 83　　　　烂面条 84　　　　面疙瘩 85

小馄饨 86　　　　五彩小饺子 87　　　　红枣馒头 88

紫薯花卷 89　　　　香菇菜包 90　　　　白菜肉包 91

鸡蛋煎饼 92　　　　菠菜发糕 93　　　　红枣窝窝头 94

菠菜鸭肝拌面 95　　胡萝卜牛肉烩面 96　　南瓜牛肉蒸面 97

鲈鱼 98　　　　清蒸鲈鱼 99　　　　鲈鱼饼 100

鳕鱼 101　　　　彩蔬鳕鱼羹 102

河虾 103　　　　彩蔬虾仁羹 104

牛肉（里脊）105　彩蔬牛肉羹 106　　胡萝卜炖牛肉 107

猪肉（里脊）108　肉松 109　　　　肉丸 110

肉脯 111

鸡（胸脯）肉 112　菠菜鸡茸 113　　宫保鸡丁（改良版）114

鸡蛋 115　　　　肉末鸡蛋羹 116　　日式厚蛋烧 117

豆腐 118　　　　肉末豆腐羹 119　　彩蔬豆花 120

鸭肝 121　　　　彩蔬鸭肝羹 122　　甜椒炒鸭肝 123

鸭血（白鸭）124　彩蔬鸭血羹 125　　双色豆腐 126

奶酪 127　　　　甜椒肉丁焗面 128

酸奶 129　　　　酸奶溶豆 130

红枣 131　　枣泥山药糕 132

第二节 春季常见食材的辅食添加攻略

番茄 133　　罗宋汤 134

蘑菇 135　　蘑菇浓汤 136

黄瓜 137　　黄瓜鸡蛋条 138

卷心菜 139　　五彩春卷 140

第三节 夏季常见食材的辅食添加攻略

甜椒 141　　甜椒炒肉丁 142

土豆 143　　土豆浓汤 144　　土豆虾球 145

油菜 146　　油菜豆腐汤 147

丝瓜 148　　丝瓜鱼茸羹 149

冬瓜 150　　冬瓜丸子汤 151

第四节 秋季常见食材的辅食添加攻略

南瓜 152　　南瓜浓汤 153　　南瓜炒牛肉 154

山药 155　　山药熘猪肝 156

秋葵 157　　秋葵炖蛋 158

胡萝卜 159　　胡萝卜鲜虾条 160

甘薯（红心）161　　双薯饼 162

第五节 冬季常见食材的辅食添加攻略

菠菜 163　　菠菜炒鸭肝 164　　菠菜炒虾仁 165

香菇 166　　三鲜汤 167　　香菇肉糜 168

大白菜 169　　白菜肉汤 170

西兰花 171　　西兰花浓汤 172

第六节　让宝宝更爱吃的辅食添加攻略（自制零食）

西瓜 173　　西瓜西米露 174

鸭梨 175　　百合炖梨 176

木瓜 177　　木瓜布丁 178

香蕉 179　　香蕉可丽饼 180

草莓 181　　草莓玛芬 182

橙子 183　　香橙小蛋糕 184

苹果 185　　苹果磨牙棒 186

牛油果 187　　牛油果蛋卷 188

在哪里找到我，怎么获得我的帮助？

作为一名儿科医生，有了孩子之后，我才发现关于育儿的所有细枝末节都值得好好去推敲，同时也理解了家长们的各种担忧乃是人之常情。

育儿其实并没有唯一正确的答案，科学育儿只是给你指向了一个光明的大方向，不同专科的医生有各自的立场，同一专科的医生有各自的观点，即使那些很神圣的学会、协会，也会在若干年里反反复复修正某个意见，甚至改回来又改回去，无论是国内还是国外的育儿指南，都有各方权益和利益的博弈。

但无论如何，真正的科普其实离商业很远！因为无论卖东西还是卖服务，都要努力（制造）营销一种焦虑，有了焦虑才容易把东西或服务卖出去，而科普的本质不是去制造焦虑是缓解焦虑。

我只要还握着这支笔，即使写不出所有的真话，都不会去写昧着良心的假话！因为，科学育儿知识不够丰富的老百姓还是相信医生（和医疗自媒体）的，我们背负了太多的责任。

十一年来，我习惯于每晚睡前在微博@虾米妈咪 账号后台无偿回复大家的私信提问，因为收到的提问量较大，常常无法及时回复。

大家提出最为频繁的问题，我大都先后写成文章发在我的微博上了，您可以在我的微博使用"搜索她的微博"输入关键词找到相应的文章或答案。若无法自行处理或者对病情拿捏不准还请及时就医！

第一章
不同月龄阶段的辅食添加攻略

辅食添加是宝宝成长过程中重要的里程碑。

何时开始添加辅食？

怎样的辅食才算是好辅食？

如何判断并避免辅食过敏？

如何把握辅食的质地、分量？

宝宝生长发育不同时期，营养需求的重点是什么？

宝宝口腔发育不同阶段，辅食喂养的要点是什么？

……

本章以P_{50}体重宝宝为例，详细讲解宝宝在吞咽期（满6月龄）、蠕嚼期（满7~8月龄）、细嚼期（满9~10月龄）、咀嚼期（满11~12月龄）这四个发育阶段的辅食添加要点，列举宝宝一日作息参考、一月/一周饮食举例、常见食材的制备方式，并且就该阶段家长的常见疑问答疑解惑，您的许多喂养难题都将在第一章中找到答案。

注：P_3 表示宝宝的生长水平在同龄人中有3%的人比他低，如果低于这一水平可能存在生长迟缓。

P_{50} 表示宝宝的生长位于同龄人的中间水平，相当于平均值。

P_{97} 表示宝宝的生长水平在同龄人中有97%人比他低，如果高于这一水平可能存在生长过速。

第一节 辅食添加攻略之基础入门

先了解什么是辅食

辅食，顾名思义就是辅助食物，又称为离乳食物、断乳期食物或者转奶期食物，是指从母乳喂养、混合喂养或者人工喂养逐渐过渡到成人饮食的这一阶段内所添加的婴幼儿食物，而并不是指完全离乳之后所吃的食物。

辅食添加的过程说得通俗一些，就是为了让只吃母乳（和/或配方奶）的婴儿能够顺利过渡到吃饭的过程。所以，在辅食添加的过程中，不能把辅食当成营养的唯一供给来源，主食还是母乳（和/或配方奶）。

为什么要添加辅食

添加辅食是宝宝成长过程中的重要里程碑。

提供宝宝更丰富营养

宝宝6月龄前后，每天需要大约600kcal以上的能量。以每天摄入大约800ml的母乳来计算，母乳大约可以提供520kcal的能量，已经无法满足宝宝的热量需求，需要通过其他食物来补足他的热量需求。而且，随着宝宝迅速生长发育，他对营养素的需求也在增加，仅仅通过增加母乳（和/或配方奶）的摄入已经无法满足宝宝对营养素的需求，而是需要通过增加食物的营养密度来完善他对营养素的需求。如果不能及时添加辅食，可能发生营养不良，或者营养素（如铁）的缺乏，将会影响宝宝的体格生长智能发育。所以，当宝宝生长发育到一定阶段时，需要及时添加辅食来过渡一阵子。

强化宝宝的消化功能

宝宝的身体尚在发育之中，消化系统、循环系统、排泄系统、免疫系统等各个系统都尚未发育完善，直接开始摄入固体食物往往并不现实，容易损伤到宝宝尚未发育完善的消化系统，还会增加循环系统、排泄系统、免疫系统的负担。

宝宝出生之后的最初几个月内，他的身体机能还无法适应除了乳类之外的其他食物，比如，对于淀粉类食物的消化能力就非常有限。虽然作用消化淀粉类食物的唾液淀粉酶打从出生以后就有少量分泌，但是协同消化淀粉类食物的胰淀粉酶在出生之后的3个月内都还没有分泌，并且至少在出生之后的6个月内都还分泌不足。

然后随着宝宝月龄逐渐增加，消化道和消化腺不断发育，消化吸收功能慢慢趋于完善，胃容量逐渐增加，消化腺逐渐活跃，开始萌出乳牙……引入辅食可以促进消化道、消化腺的发育，促进牙齿的生长，并且锻炼宝宝的咀嚼和吞咽能力，这样才能顺利过渡到成人饮食的阶段。

促进宝宝的智能发展

引入辅食可以锻炼宝宝的咀嚼和吞咽能力，促进宝宝语言能力发展。宝宝吃奶时候的口腔运动（不论是亲喂的还是瓶喂的）和成人饮食时候的口腔运动完全不同，成人摄取综合食物需要更多口腔肌肉协同配合。循序渐进添加辅食，可以充分锻炼宝宝口周和舌部的小肌肉群，锻炼宝宝的咀嚼和吞咽能力，同时对其模仿发音、语言能力发展有着重要意义。

引入辅食可以丰富宝宝的感觉和知觉经验，促进宝宝感知觉能力发展。宝宝出生之后通过视觉、听觉、触觉、味觉、嗅觉等感觉探索外界，并且通过原始反射与外界建立起联系。给予宝宝适当的感知觉刺激，可以起到促进智能发展的作用。而及时添加辅食并且逐渐丰富食物的种类，等于在合适的时机给予了宝宝合适的感知觉刺激。

培养良好的饮食习惯

辅食添加阶段作为宝宝从母乳喂养、混合喂养或者人工喂养逐渐过渡到成人饮食的关键阶段，是培养宝宝良好饮食习惯的重要阶段。宝宝6月龄以后进入味觉敏感期。循序渐进添加辅食，让宝宝接触各种质地、各种味道的食物，慢慢适应不同食物，可以避免宝宝日后出现偏食或者挑食的情况。同时鼓励宝宝自主进食，培养宝宝良好的自理能力和用餐习惯，这些良好习惯的养成，可以避免未来很多潜在的健康问题。

何时开始添加辅食

无论母乳喂养、混合喂养或者人工喂养，在添加辅食的时间建议上其实并无差别。目前推荐宝宝满6月龄以后开始添加辅食，但在实际操作中并非是根据月龄一刀切的，还是要根据宝宝的生长发育情况，通过观察一些信号，了解宝宝身体是否确实准备好开始添加辅食了。

满4月龄前添加辅食为时尚早

过去的观点是宝宝满4月龄以后就可以开始添加辅食。过去认为宝宝满4月龄以后已经开始分泌一定量的淀粉酶，而实际上，此时的淀粉酶分泌还是不够活跃，对于淀粉类食物的消化能力依然非常有限。

过早添加辅食会给宝宝的健康造成一些问题。首先，过早添加辅食会影响母乳（和/或配方奶）的摄入量。一方面导致母亲乳汁移出减少，直接造成了母亲乳汁分泌量的减少；另一方面影响宝宝热量和营养摄入，可能会使宝宝营养不良并影响生长发育。其次，过早添加辅食还会给宝宝发育中的消化系统、循环系统、排泄系统、免疫系统带来负担，增加发生消化系统不适、食物过敏、腹泻、感染等风险，进而可能导致喂养困难。

满6月龄后添加辅食较为合适

现在的观点是宝宝满6月龄以后才可以开始添加辅食。对于大多数的婴儿来说，母乳（和/或配方奶）能够满足六个月前的全部营养需求（包括水）。越来越多的研究证实，满6月龄以后开始添加辅食对宝宝的近期和远期健康更为有利。从2001年开始，包括世界卫生组织（2001年）、美国儿科学会（2005年）、加拿大儿科学会（2005年）……中国卫生部（2012年）在内的全球几乎所有官方机构和组织都纷纷发出声明和指南，推荐宝宝满6月龄以后开始添加辅食。

太晚添加辅食也会给宝宝的健康造成一些问题。首先，可能造成严重的营养不良，影响宝宝的体格生长和智能发育。其次，错过添加辅食的窗口期，更加容易发生喂养困难，给未来埋下更多潜在的健康问题。而且，没有证据显示继续延迟添加辅食可以降低食物过敏、哮喘、湿疹等风险。

辅食添加的时间也并非一刀切

虽说，满6月龄以后是目前公认的适宜开始尝试添加辅食的时间，但在实际操作的时候也并非严格按照规定在第181天（满6月龄以后的第1天）开始添加辅食。

宝宝之间存在个体差异，与生长发育节奏快慢一样，添加辅食也会有快慢先后，有些宝宝可能刚刚满4月龄就需要开始添加辅食了，有些宝宝甚至直到满8月龄还是无法适应添加辅食。添加辅食的时间在实际操作中并非是根据月龄一刀切的，还是要根据宝宝的具体生长发育情况，通过观察一些信号，了解宝宝身体是否确实准备好开始添加辅食了。

开始添加辅食的信号

如果你的宝宝同时具备以下迹象，说明他的身体已经准备好尝试开始添加辅食了：

观察宝宝生长：宝宝的体重需要达到出生体重的2倍以上，至少达到6kg。

观察宝宝发育：能够较为稳定地控制头颈部，包括稳定竖起头部自由转头，并且能够在有支撑的情况下坐稳，比如可以靠着椅背坐好。

观察宝宝行为：宝宝吃奶之后意犹未尽，对成人餐桌上的食物感兴趣，并且具有一定"眼-手-嘴"的协调能力，比如看见成人在吃食物，他会伸手去抓并且准确放入自己的嘴里。

观察原始反射：宝宝的挺舌反射（挺舌反射是宝宝与生俱来的非条件反射，属于先天性行为，把新的食物或者其他物品放到宝宝的嘴里，他会本能地拒绝，用舌头将其向外推出，这种"恐新"现象是人类进化过程中的自我保护本能。挺舌反射一般会持续到出生后4～6月龄之间消失）逐渐消失。

绝大多数宝宝都会在6月龄左右才出现以上信号，最早不会早于满4月龄，最晚不会晚于满8月龄（早产儿以校正月龄计算）。如果在宝宝的身体还没有准备好的情况下勉强开始添加辅食，只会让辅食添加的过程变得更加困难。所以，务必耐心等待以上迹象全部出现再尝试开始添加辅食，同时，也不要疏忽观察，因为晚于8月龄就会错过锻炼口腔咀嚼和味觉发展的关键时期。

 医学科普小贴士

【早产儿校正月龄计算方法】

校正月龄=月龄-（40-实际孕周）÷4

比如宝宝32周早产，现出生后4个月，他的校正月龄应该是2个月。

算法是：4-（40-32）÷4=2

添加辅食的几个原则

每个宝宝的发育程度各不相同，每个家庭的饮食习惯也各有差异，因此添加辅食的过程不尽相同，但是总有一些需要遵循的大原则。

种类由少到多

辅食添加初期，因为此前宝宝还没有接受过乳类以外的其他食物，所以每次只给宝宝添加一种新的食物，并且至少完全适应这种食物2～3天之后，再开始引入另一种新的食物。新的食物单独喂，并且做好辅食添加纪录，一方面，便于分辨是何种食物导致过敏等情况，另一方面，便于宝宝感受新的食物味道。

经历了辅食添加的早期之后，宝宝完全适应的食物种类越来越多，把几种已经完全适应的食物混合吃相对更有优势。首先，丰富的食材可以提供更加均衡全面的营养；其次，食材的混搭可以避免宝宝日后养成挑食的习惯。还有，食材混搭之后，颜色、口感互相搭配，可以提高进食的效率和质量。

需要注意，两种或者几种宝宝已经完全适应的食物可以混合吃，两种或者几种新的食物不能混合吃，否则很难分辨是何种食物导致过敏等情况。当然，是否混合也得看宝宝的喜好。

质地由细到粗

辅食添加过程中，食物的质地性状也在逐渐改变，从流质到半流质到半固体再到固体。虽然有些宝宝可能会跳过某个质地直接进入半固体或者固体阶段，但是总体趋势不会改变。根据宝宝大致的月龄和口腔处理食物的主要方式，可以把辅食添加大致分为4期：吞咽期、蠕嚼期、细嚼期和咀嚼期。

第一阶段（大约满6月龄）吞咽期，口腔处理食物的方式基本还是整吞整咽（舌头前后活动吞咽食物），食物通常需要制成柔滑的泥，稠度参考（第24页表格）十倍粥或七倍粥向五倍粥（软粥）过渡。

第二阶段（满7～8月龄）蠕嚼期，口腔处理食物的方式主要是舌捣烂（舌头上下活动碾碎食物）＋牙龈咀嚼，食物通常需要制成稍厚的糊，稠度参考（第24页表格）五倍粥（软粥）向四倍粥（硬粥）过渡。

第三阶段（满9～10月龄）细嚼期，口腔处理食物的方式主要是牙龈咀嚼，辅食为质地软烂的（5mm左右）碎块，稠度参考（第24页表格）四倍粥（硬粥）向软饭过渡。

第四阶段（满11～18月龄）咀嚼期，口腔处理食物的方式主要是牙齿咀嚼，辅食为质地软烂的（10mm左右）小块，稠度参考（第24页表格）软饭向成人食物过渡。

在辅食添加的过程中，不要让宝宝一直只吃细腻柔滑的辅食，也不要让宝宝一下子就吃粗糙大块的辅食，辅食质地的变化要循序渐进。如果辅食质地对于宝宝来说太过粗糙黏稠，就会容易出现干呕，那就尝试将辅食质地稍微（退回）做得细腻稀薄一些。满6～9月龄是辅食添加的重要时期，要让宝宝体验不同食物的质地性状，如果晚于10月龄引入粗口感的食物，未来更加容易发生喂养困难。

少量多次尝试

最初的辅食添加其实只是试吃，每天添加1次，每次只是少量，从1勺尖开始。如果宝宝适应这种新的食物，下次就可以再增加1个勺尖。

宝宝接受新的食物需要一个过程。辅食添加初期，由于挺舌反射还未消失，宝宝会把食物用舌头顶出来，因为吞咽动作还不协调，以及咽反射太敏感，宝宝也很容易发生干呕，这些其实都很正常。此外，"恐新"是人类自我保护的本能，宝宝对新的食物产生"恐新"其实也很正常，需要数天才能对新的食物放下"戒备"。基于宝宝上述表现，有的家长可能误认为宝宝是拒绝辅食，尝试几次就会匆匆放弃。建议家长可以在不同时间尝试喂一种新的食物20次以上，要有耐心让宝宝慢慢接受适应各种新的食物，不吃也不强迫，可以改日再试。

尽量不加调料

辅食制作时，可以添加少量食用油，但不建议添加盐、酱油、味精、鸡精、蜂蜜、醋、酒、芥末、胡椒、咖喱等调味品。

我们平常说的"控盐"其实是指"控钠"，除了钠盐之外，酱油、味精、鸡精、醋……很多调味料都含有较高的钠。有些家长担心宝宝没有摄入钠盐会没有力气，有些家长担心宝宝没有摄入钠盐会没食欲……我们建议宝宝的食物中不必额外再加钠盐，并不是说宝宝不需要钠。其实宝宝不会因为食物中没加盐分而缺钠，因为所有食物本身都含有钠，宝宝完全可以通过奶及其他食物获得每天的所需。

此外，如果通过调味料来增加食欲，会对调味料日渐产生依赖，宝宝口味变重的同时，钠盐摄入过多，肾脏负担加重，增加高血压等慢性疾病的风险，还会影响钙、铁、锌等矿物质元素的吸收，并可能引起青少年期的肥胖。

1岁以内宝宝辅食中，不建议添加任何调味料，即使1岁以后宝宝的食物中也不需要特别添加各种调味料。

 居家照护小贴士

【动物血/奶酪加工过程中加了盐，1岁以下的宝宝不能摄入盐分，是不是不可以吃？】

控盐其实就是控钠。钠，也是人体中的宏量元素，人体新陈代谢离不开钠，但是钠摄入过多高血压的罹患率会增高，而且钠又广泛存在于所有动植物食物包括调料中。奶酪是补钙的良好食材，动物血是补铁的良好食材，虽然制作工艺中都有加（钠）盐，但都算不上高钠食物，是可以给宝宝吃的，平时给宝宝控制调料和盐的摄入就好。

尽量现做现吃

我更推荐现做现吃，因为我对大部分家庭冰箱的分区和清洁感到忧虑，也对大部分家庭冰箱内食物的保质期/保鲜期感到担忧，毕竟冰箱不是"保险箱"。

如果辅食实在做得太多，可以尝试冷冻保存，但是务必尽快食用。按照每次食用的量分成小份，放入干净的保鲜袋/制冰盒/辅食盒中，放在冰箱的冷冻室中保存。取用的时候可以在冰箱的冷藏室、冷水或者微波炉里进行解冻。解冻之后要加热再吃，解冻之后不能复冻。喂给宝宝吃之前，家长自己试吃一下，检查有无变质，温度是否太烫等。具体参考第60页"自制辅食如何存储及避免硝酸盐影响？"

选择合适契机

尽管宝宝已经具备添加辅食的所有征兆，还是需要选择合适的时间来喂辅食。

可以选择宝宝心情愉悦的时候，一般可以在宝宝白天的一次小睡醒来之后喂辅食。

也可以选择在宝宝半饱的时候，因为饥饿往往会让宝宝变得烦躁，所以可以先给宝宝喂一些奶，让他不太饥饿又有接受辅食的空间。

 居家照护小贴士

【妈妈不一定是喂辅食的最佳人选】

喝母乳的宝宝，可以尝试让妈妈以外其他亲近的人来喂辅食，因为宝宝实在抵挡不住妈妈身上母乳香味的诱惑。

用勺子正确喂

在宝宝还没有开始吃手指食物（详见P55页）之前，不要把辅食放在奶瓶里喂，一定要把辅食放在勺子里喂。

我发现大部分家长用勺子喂宝宝的动作是错误的。正确喂辅食的方式应该是这样的：首先，让食物满勺尖；然后，把勺尖放在宝宝的上下唇之间；接着，不要急着往宝宝嘴里送，而要耐心等待宝宝自己咬勺，一旦宝宝咬勺要给予鼓励。务必要等宝宝自己张嘴，而不是把勺子塞进宝宝嘴里，这样做可能会损伤宝宝牙龈和牙齿，久而久之宝宝对于吃辅食也会产生抵触心理。

 居家照护小贴士

【如何让宝宝接受勺子喂辅食】

先让宝宝接受勺子，然后开始使用勺子喂辅食。最初可以用勺子喂混合了母乳或配方奶的米糊，或者可以先用勺子喂母乳或配方奶，让宝宝先接受用勺子喂食这种方式。如果宝宝希望多一点自主权，家长可以拿一个勺子喂宝宝的同时，让宝宝拿一个勺子自己喂自己。

添加辅食的几个阶段

根据宝宝大致的月龄和口腔处理食物的主要方式，可以把辅食添加大致分为4期：吞咽期、蠕嚼期、细嚼期和咀嚼期。

不同阶段的辅食添加概况

辅食添加的不同时期	吞咽期	蠕嚼期	细嚼期	咀嚼期
口腔处理食物的方式	基本是整吞整咽	主要是舌捣碎+牙龈咀嚼	主要是牙龈咀嚼	主要是牙齿咀嚼
大致的月龄	大约满6月龄	满7~8月龄	满9~10月龄	满11~18月龄
辅食的质地	柔滑的泥	稍厚的糊	5mm左右软烂的碎块	10mm左右软烂的小块
每天吃母乳（和/或配方奶）的次数	保持原先次数（6~8次）	减少1次（5~7次）	又减少1次（4~6次）	再减少1次（3~5次，至少2次以上）
每天吃辅食的次数	1~2次	2~3次	约3次	3~4次
每天吃辅食的时间	上午小睡醒来后的早午点或下午小睡醒来后的午点	上午小睡醒来后的早午点和下午小睡醒来后的午点	早午点、午餐、晚餐	逐渐向三餐三点过渡
每天吃辅食的热量占比	10%~20%	20%~30%	30%~40%	40%~60%

注 | 不同的婴儿和家庭有自己的生活作息和饮食规律，此表仅作为参考，可以根据实际情况酌情调整。

婴幼儿期吃的辅食量很少，如果每次用电子秤或量杯来计量食材会很麻烦，以下是快速粗略估计的方法。

不同阶段的辅食质地和计量

辅食添加的不同时期 口腔处理食物的方式 大致的月龄 辅食的质地	吞咽期 基本是整吞整咽 大约满6月龄 柔滑的泥	蠕嚼期 主要是舌捣碎+牙龈咀嚼 满7～8月龄 稍厚的糊	细嚼期 主要是牙龈咀嚼 满9～10月龄 5mm左右软烂的碎块	咀嚼期 主要是牙齿咀嚼 满11～18月龄 10mm左右软烂的小块
食材				
大米	七倍粥：1杯大米加7杯水的比例煮粥 5g七倍粥	五倍粥（软粥）：1杯大米加5杯水的比例煮粥 10g五倍粥	四倍粥（硬粥）：1杯大米加4杯水的比例煮粥 15g四倍粥	软饭：1杯大米约加3杯水的比例煮饭 25g软饭
面条		截成10mm左右小段，煮成烂烂的面条 10g烂面条	截成10mm左右小段，煮成软软的面条 15g软面条	面条煮熟即可 25g面条
菠菜	洗净，焯熟，切碎，磨成糊状，滤渣 5g菠菜泥	洗净，焯熟，切碎，磨成糊状 10g菠菜糊	洗净，焯熟，切成5mm左右碎片 15g菠菜	洗净，焯熟，切成10mm左右小片 25g菠菜

不同阶段的辅食质地和计量

辅食添加的不同时期	吞咽期	蠕嚼期	细嚼期	咀嚼期
口腔处理食物的方式	基本是整吞整咽	主要是舌捣碎+牙龈咀嚼	主要是牙龈咀嚼	主要是牙齿咀嚼
大致的月龄	大约满6月龄	满7~8月龄	满9~10月龄	满11~18月龄
辅食的质地	柔滑的泥	稍厚的糊	5mm左右软烂的碎块	10mm左右软烂的小块
食材				
番茄	洗净，去皮，切块，煮烂后磨成糊状，滤渣 5g番茄泥	洗净，去皮，切块，煮烂后磨成糊状 10g番茄糊	洗净，去皮，切块，煮烂后切成5mm左右碎块 15g番茄	洗净，去皮，切块，煮软后切成10mm左右小块 25g番茄
南瓜	洗净，去皮，切块，煮烂后磨成糊状，滤渣 5g南瓜泥	洗净，去皮，切块，煮烂后磨成糊状 10g南瓜糊	洗净，去皮，切块，煮烂后切成5mm左右碎块 15g南瓜	洗净，去皮，切块，煮软后切成10mm左右小块 25g南瓜
黄甜椒	洗净，去皮，切块，煮烂后磨成糊状，滤渣 5g黄甜椒泥	洗净，去皮，切块，煮烂后磨成糊状 10g黄甜椒糊	洗净，去皮，切块，煮烂后切成5mm左右碎块 15g黄甜椒	洗净，去皮，切块，煮软后切成10mm左右小块 25g黄甜椒

不同阶段的辅食质地和计量

辅食添加的不同时期 口腔处理食物的方式 大致的月龄 辅食的质地	吞咽期 基本是整吞整咽 大约满6月龄 柔滑的泥	蠕嚼期 主要是舌捣碎+牙龈咀嚼 满7～8月龄 稍厚的糊	细嚼期 主要是牙龈咀嚼 满9～10月龄 5mm左右软烂的碎块	咀嚼期 主要是牙齿咀嚼 满11～18月龄 10mm左右软烂的小块
食材				
胡萝卜	洗净，去皮，切块，煮烂后磨成糊状，滤渣 5g胡萝卜泥	洗净，去皮，切块，煮烂后磨成糊状 10g胡萝卜糊	洗净，去皮，切块，煮烂后切成5mm左右碎块 15g胡萝卜	洗净，去皮，切块，煮软后切成10mm左右小块 25g胡萝卜
西兰花	洗净，切块，煮烂后磨成糊状，滤渣 5g西兰花泥	洗净，切块，煮烂后磨成糊状 10g西兰花糊	洗净，切块，煮烂后切成5mm左右小块 15g西兰花	洗净，切块，煮软后切成10mm左右小块 25g西兰花
香菇	洗净，取伞部分，切块，煮烂后磨成糊状，滤渣 5g香菇泥	洗净，取伞部分，切块，煮烂后磨成糊状 10g香菇糊	洗净，取伞部分，切块，煮烂后切成5mm左右小块 15g香菇	洗净，取伞部分，切块，煮软后切成10mm左右小块 25g香菇

不同阶段的辅食质地和计量

辅食添加的不同时期 口腔处理食物的方式 大致的月龄 辅食的质地	吞咽期 基本是整吞整咽 大约满6月龄 柔滑的泥	蠕嚼期 主要是舌捣碎+牙龈咀嚼 满7~8月龄 稍厚的糊	细嚼期 主要是牙龈咀嚼 满9~10月龄 5mm左右软烂的碎块	咀嚼期 主要是牙齿咀嚼 满11~18月龄 10mm左右软烂的小块
食材				
苹果	洗净，去皮，切块，磨成柔滑的泥状 5g苹果泥	洗净，去皮，切块，磨成糊状 10g苹果糊	洗净，去皮，切成5mm左右碎块 15g苹果	洗净，去皮，切成10mm左右小块 25g苹果
香蕉	洗净，去皮，切块，磨成柔滑的泥状 5g香蕉泥	洗净，去皮，切块，磨成糊状 10g香蕉糊	洗净，去皮，切成5mm左右碎块 15g香蕉	洗净，去皮，切成10mm左右小块 25g香蕉
鱼肉	洗净，蒸熟，去皮，除刺，磨成柔滑的泥状 5g鱼肉泥	洗净，蒸熟，去皮，除刺，磨成糊状 10g鱼肉糊	洗净，蒸熟，去皮，除刺，切成5mm左右碎块 15g鱼肉	洗净，蒸熟，去皮，除刺，切成10mm左右小块 25g鱼肉

13

不同阶段的辅食质地和计量

辅食添加的不同时期 口腔处理食物的方式 大致的月龄 辅食的质地 食材	吞咽期 基本是整吞整咽 大约满6月龄 柔滑的泥	蠕嚼期 主要是舌捣碎+牙龈咀嚼 满7~8月龄 稍厚的糊	细嚼期 主要是牙龈咀嚼 满9~10月龄 5mm左右软烂的碎块	咀嚼期 主要是牙齿咀嚼 满11~18月龄 10mm左右软烂的小块
虾肉	洗净，去头，剥壳，除虾线，白灼，磨成柔滑的泥状 5g虾肉泥	洗净，去头，剥壳，除虾线，白灼，磨成糊状 10g虾肉糊	洗净，去头，剥壳，除虾线，白灼，切成5mm左右碎块 15g虾肉	洗净，去头，剥壳，除虾线，白灼，切成10mm左右小块 25g虾肉
牛肉	选择瘦肉，洗净，切块，焯水，煮熟，磨成柔滑的泥状 5g牛肉泥	选择瘦肉，洗净，切块，焯水，煮熟，磨成糊状 10g牛肉糊	选择瘦肉，洗净，切块，焯水，煮烂，切成5mm左右碎块 15g牛肉	选择瘦肉，洗净，切块，焯水，煮软，切成10mm左右小块 25g牛肉
鸡肉	选择瘦肉，洗净，切块，焯水，煮熟，磨成柔滑的泥状 5g鸡肉泥	选择瘦肉，洗净，切块，焯水，煮熟，磨成糊状 10g鸡肉糊	选择瘦肉，洗净，切块，焯水，煮烂，切成5mm左右碎块 15g鸡肉	选择瘦肉，洗净，切块，焯水，煮软，切成10mm左右小块 25g鸡肉

不同阶段的辅食质地和计量

辅食添加的不同时期	吞咽期	蠕嚼期	细嚼期	咀嚼期
口腔处理食物的方式	基本是整吞整咽	主要是舌捣碎+牙龈咀嚼	主要是牙龈咀嚼	主要是牙齿咀嚼
大致的月龄	大约满6月龄	满7~8月龄	满9~10月龄	满11~18月龄
辅食的质地	柔滑的泥	稍厚的糊	5mm左右软烂的碎块	10mm左右软烂的小块
食材				
猪肉 选择瘦肉，洗净，切块，焯水，煮熟，磨成柔滑的泥状	选择瘦肉，洗净，切块，焯水，煮熟，磨成糊状 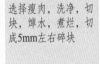 5g猪肉泥	 10g猪肉糊	选择瘦肉，洗净，切块，焯水，煮烂，切成5mm左右碎块 15g猪肉	选择瘦肉，洗净，切块，焯水，煮软，切成10mm左右小块 25g猪肉

猪肉

鸭肝	选择优质鸭肝，洗净，焯水，煮熟，切块，磨成柔滑的泥状 5g鸭肝泥	选择优质鸭肝，洗净，焯水，煮熟，切块，磨成糊状 10g鸭肝糊	选择优质鸭肝，洗净，焯水，煮熟，切成5mm左右碎块 15g鸭肝	选择优质鸭肝，洗净，焯水，煮熟，切成10mm左右小块 25g鸭肝

鸭肝

鸭血	选择优质鸭血，洗净，切块，焯水，煮熟，磨成柔滑的泥状 5g鸭血泥	选择优质鸭血，洗净，切块，焯水，煮熟，磨成糊状 10g鸭血糊	选择优质鸭血，洗净，切块，焯水，煮熟，切成5mm左右碎块 15g鸭血	选择优质鸭血，洗净，切块，焯水，煮熟，切成10mm左右小块 25g鸭血

鸭血

不同阶段的辅食质地和计量

	吞咽期	蠕嚼期	细嚼期	咀嚼期
辅食添加的不同时期 口腔处理食物的方式	基本是整吞整咽	主要是舌捣碎+牙龈咀嚼	主要是牙龈咀嚼	主要是牙齿咀嚼
大致的月龄	大约满6月龄	满7~8月龄	满9~10月龄	满11~18月龄
辅食的质地	柔滑的泥	稍厚的糊	5mm左右软烂的碎块	10mm左右软烂的小块
食材				
豆腐	洗净，切块，焯水，煮熟，磨成柔滑的泥状	洗净，切块，焯水，煮熟，磨成糊状	洗净，切块，焯水，煮熟，切成5mm左右碎块	洗净，切块，焯水，煮熟，切成10mm左右小块
	5g豆腐泥	10g豆腐糊	15g豆腐	25g豆腐
鸡蛋	洗净，煮熟，去壳，取蛋黄，磨成柔滑的泥状	洗净，煮熟，去壳，取蛋黄，磨成糊状	洗净，煮熟，去壳，切成5mm左右碎块。或者蒸鸡蛋羹	洗净，煮熟，去壳，切成10mm左右小块。或者蒸鸡蛋羹
	5g蛋黄泥	10g蛋黄糊	15g整蛋	25g整蛋

注 | 做一定量的辅食需要稍高于这个量的食材。

图中质地和分量可作参考，可以根据实际情况酌情调整。

蔬菜从"糊状"到"泥状"，适当"滤渣"是滤除一些长的纤维，大部分的其他食材不需要滤渣，可以直接磨成"柔滑的泥状"（参见第42页）。

怎样的辅食才算是好辅食

其实就食物而言，没有绝对的好食物，也没有绝对的坏食物。

最重要的是安全

容易造成窒息呛咳的坚果、种子类的食材不适合直接给予婴幼儿食用。如果给5岁以下孩子食用坚果、种子，可以制作成为适合孩子吃的不黏稠的糊状，或者可以制作成为适合孩子吃的松软的糕点。

最基本的是卫生

婴儿消化系统尚未发育完善，少量病原微生物就可能导致宝宝消化道疾病。如果是自制辅食，务必保证食物原料卫生，保证食物存储制作过程卫生；如果是购买成品辅食，注意选择符合国家安全卫生标准的企业品牌，也要保证食物存储加工过程中卫生。

考虑营养和搭配

随着婴儿迅速生长发育，他对营养素的需求也在增加，因为婴幼儿摄入总量相对较少，需要注意食物的营养密度。果汁、菜汁、汤水等因为营养密度低，不算是好的辅食。完整的水果、蔬菜的营养价值大于果汁、菜汁。水果蔬菜可以做成泥糊或者切成碎块、小块吃。平时如果喝汤也要吃汤里面的食材。经历了辅食添加早期之后，宝宝完全适应的食物种类越来越多，可以把几种已经完全适应的食物搭配吃，不同食材颜色、口感互相搭配，可以提高进食的效率和质量，可以提供更加均衡全面的营养，避免日后养成挑食的习惯。

选择容易消化的

婴儿消化系统尚未发育完善，需要选择符合婴儿发育水平、消化能力的食物。辅食添加过程中，食物的质地性状也在逐渐改变，从流质到半流质到半固体再到固体。虽然有些宝宝可能会跳过某个质地直接进入半固体或者固体阶段，但是总体趋势不会改变。婴幼儿可以适量吃些粗粮，从小养成粗细搭配的饮食习惯，经过合理搭配、合理烹饪就不用担心不容易消化，尤其适合膳食纤维摄入不足导致便秘的宝宝。

选择原味清淡的

辅食添加是让宝宝品尝、尝试各种天然食材。如果通过调味料来增加食欲，会日渐对调味料产生依赖，宝宝口味变重的同时，肾脏的负担也会加重，而且成年以后高血压等慢性疾病的风险会增加。1岁以内宝宝的辅食中，不建议添加任何调味料，即使1岁以后宝宝的食物中也不需要特别添加各种调味料。

🥄 如何判断并避免食物过敏

过敏一般都有家族性

虽然不能判断孩子会对什么过敏，但通常父母双方都有过敏的，孩子发生过敏的概率高达75%；父母双方中有一方过敏的，孩子发生过敏的概率大约为35%；父母双方都没有过敏的，孩子发生过敏的概率仅有15%。

如今食物过敏确实比以往要多见，但是，事实上也只有2%的成年人和5%~8%的孩子才是真正的食物过敏者。

别混淆过敏和不耐受

有些人会混淆过敏和不耐受，简单说，过敏是免疫系统参与的反应，而不耐受是没有免疫系统参与的反应。有免疫系统参与的过敏反应，只需要一点点的过敏源，都能引爆身体巨大的反应，甚至迅速危及生命。

2004年世界卫生组织定义食物过敏为：免疫学机制介导的食物不良反应，即食物蛋白引起的异常或者过强的免疫反应，可以由IgE（血清免疫球蛋白）或者非IgE介导，症状累及皮肤、呼吸系统、消化系统、心血管系统等。

三种类型的过敏反应

食物过敏主要有IgE介导、非IgE介导和混合介导三型。

IgE介导的速发型过敏反应，30~60分钟内出现症状；非IgE介导的迟发型过敏反应，需要数小时甚至数天之后出现症状；而IgE和非IgE混合介导两种反应机制同时存在，表现为延迟反应。以下是一些过敏反应的现象，家长需要注意：

三种类型过敏反应的表现

涉及器官或系统	IgE介导的速发型过敏反应	IgE和非IgE混合介导	非IgE介导的迟发型过敏反应
皮肤	荨麻疹、口周过敏	特应性皮炎	疱疹样皮炎
呼吸系统	鼻炎、过敏性结膜炎、支气管痉挛	哮喘	含铁血黄素沉着病
消化系统	胃肠病	食管炎、胃肠炎	直肠炎、直肠结肠炎、小肠炎

食物过敏的可能表现

食物过敏的表现并不都容易被发现，细心的家长如果观察到以下情况，一定要留心，可能存在过敏：

呼吸道症状：流鼻涕、打喷嚏、持续咳嗽、气喘、鼻塞、流泪、结膜充血等。孩子可能会有揉眼睛、擤鼻子等动作。

消化道症状：腹泻、便秘、胀气、呕吐、腹痛、肠内出血、肛周皮疹等。孩子可能会有哭闹、拒食等行为。

皮肤症状：荨麻疹、砂纸状皮疹、皮肤干痒、眼睑肿、嘴唇肿、手脚肿等。孩子可能会有烦躁、哭闹等行为。

此外，体重增加缓慢或者停止增加也可能是过敏导致的。

如何确定致敏的食物

一旦出现食物过敏的可能表现，通过辅食添加纪录立即分析原因，确定可疑的致敏食物以后，尝试"回避/激发试验"：以停止接触或者进食（少量）某种物品、食物作为回避实验，以再次接触或者进食（少量）某种物品、食物作为激发实验，如果回避实验中症状有所改善，激发实验中症状又出现，则可诊断为过敏，并确定过敏原。通俗一点说，多次进食这种食物，过敏症状反复出现，应该基本可以确定是这种食物引起过敏了。

有些家长热衷于到医院做"过敏原检测"。其实实验室过敏原检测只针对IgE介导的速发型过敏反应，并不针对所有的过敏反应，而且只能反映对已经接受过的食物是否存在过敏，无法预测对未接受过的食物是否存在过敏；并且必须是IgE浓度在体内增高到一定程度才可被检测得到。所以1岁以内或过敏症状发生较短（6个月内）的婴幼儿，过敏原检测常得不到可靠的阳性结果，也就是说，检查结果并没有什么参考意义。

发生食物过敏怎么办

如果反应轻微，只是发生口周红疹、红肿、瘙痒等，可以继续接着少量尝试，通常都会很快适应，完全不必担心变成"过敏体质"。

如果反应明显，发生眼部肿、脸部肿，或者全身荨麻疹，腹痛、呕吐等，可以暂停添加这种食物，3个月到6个月之后再少量尝试，其间可以给宝宝尝试其他食物。

如果反应严重，引起呼吸困难、声音嘶哑、严重的咳喘，甚至昏迷，应紧急就医，确定过敏原后要尽量避免。

如何能避免食物过敏

在辅食添加的早期，每次只能给孩子添加一种新的食物，并且至少在孩子完全适应这种食物2～3天之后再开始引入另一种新的食物。每次添加一种新的食物之后，都要观察孩子是否出现过敏反应，比如腹泻、皮疹、呕吐等。如果孩子出现任何不适，需要立即停止食用这种新的食物，并与孩子的儿科医生沟通情况。如果孩子没有出现任何不适，就可以开始着手引入另一种新的食物了。

虽然，不必根据某一特定顺序引入辅食，也不必避免或者延迟引入常见的致敏食物，但是，在辅食添加的实际操作过程中，引入辅食总是有一个"先来后到"的——如果你的孩子（或者你们家族）没有什么明显过敏史，那就不用过于在意引入辅食的顺序，如果你的孩子（或者你们家族）有严重的过敏史，那还是需要先避免可疑致敏食物，优先选择那些不易过敏并且容易消化的食物。

另外，如果你的孩子（或者你们家族）有严重的过敏史，注意以下这些可能会有帮助：

（1）满6月龄后开始辅食添加。

（2）坚持做好宝宝的辅食记录。

（3）尽量使用新鲜的应季食材。

（4）尽量选择蒸煮的烹饪方式。

（5）不食用未成熟食材，不食用生的食物，少食油腻食物和甜食。

（6）宝宝10月龄之前，水果可以蒸煮之后再食用。

（7）确定某种食物过敏，可以尝试用其他食物替代这部分营养，避免营养不均衡。

（8）现阶段过敏的食物，随着孩子成长，到了一定阶段可能就不过敏了，可以考虑再次添加。

容易被忽视的易过敏食物及其改善策略

容易被忽视的易过敏食物及其改善策略

易过敏食物	改善策略
小麦（面粉）	小麦过敏较为常见，面粉类的食物通常在8月龄前后试加。
酵母	酵母过敏较为常见，通常在10月龄前后甚至1岁以后试加。
柑橘类、猕猴桃、桃子、草莓、番茄、樱桃、芒果、菠萝、椰子	如果发现明显过敏，要避免或延迟添加，可以尝试1岁以后开始少量食用。
蚕豆、豌豆、大豆、芸豆、玉米	如果发现明显过敏，要避免或延迟添加，可以尝试1岁以后开始少量食用。
坚果类	如果发现对某种坚果（注意是坚果泥/酱，不能给完整一个坚果，容易发生呛咳）明显过敏，要避免或延迟添加，可以尝试1岁以后开始少量食用。
蛋清	蛋清比蛋黄容易引起过敏，如果发生蛋清过敏，可延后至10月龄前后甚至1岁以后试加。
酸奶、奶酪	如果发生奶酪、酸奶过敏，可考虑延后至1岁以后试加。
五花肉	五花猪肉比牛肉和鸡肉容易引起过敏，主要问题是在脂肪上，所以辅食添加阶段，肉类都要尽量去掉肥油。
鱼	肉质呈青色的鱼和肉质呈红色的鱼比肉质呈白色的鱼容易引起过敏，可以从加白肉鱼（大部分淡水鱼肉质为白色）开始，然后加红肉鱼（如金枪鱼、三文鱼等），1岁以后再加青肉鱼（如秋刀鱼等），且都要去皮食用。
虾、蟹、贝	虾、蟹、贝类食物容易引起过敏，如果发现明显过敏，要避免或延迟添加，可以尝试1岁以后开始少量食用（虾可以在9月龄前后试加）。
糖果、饼干、饮料、腌制食物	尽量不要给婴幼儿吃。

最初两周的辅食添加举例

最初两周的辅食添加举例

时间	1	2	3	4	5	6	7	8	9	10	11	12	13	14	15
碳水化合物类食物	1勺十倍粥		2勺十倍粥		3勺十倍粥			根据需要增加量 从十倍粥逐渐过渡到七倍粥							
维生素矿物质丰富的食物	暂不添加					1勺菜泥或果泥			1勺新的菜泥或果泥			根据需要增加量 约隔3天可新增一种			
蛋白质丰富的食物	暂不添加														*1勺尖鱼肉泥

注 时间按天计。

添加辅食的第1天从1勺十倍粥（强化铁米粉照此稠度冲泡）开始试喂。

若无异常，第3天加至2勺十倍粥（强化铁米粉照此稠度冲泡）。

第5天加至3勺十倍粥（强化铁米粉照此稠度冲泡）。

第6天在3勺十倍粥（强化铁米粉照此稠度冲泡）的基础上试加1勺菜泥或果泥。

第9天在适量米粥的基础上试加1勺新的菜泥或果泥。

第14天在适量米粥和菜泥或果泥（不试加新的菜泥或果泥）的基础上试加1勺鱼肉泥。

1勺是指普通陶瓷餐具的1小汤勺，等于婴儿专用匙的3匙。

可以先从白肉鱼开始添加，因其脂肪含量较低，不易发生过敏。

第二节 吞咽期（满6月龄）如何添加辅食

吞咽期（满6月龄）宝宝的发育水平

满6月龄的身长

男孩：$P_3 \sim P_{97}$身长63.6～71.6cm，P_{50}身长为67.6cm

女孩：$P_3 \sim P_{97}$身长61.5～70.0cm，P_{50}身长为65.7cm

满6月龄的体重

男孩：$P_3 \sim P_{97}$体重6.4～9.7kg，P_{50}体重为7.9kg

女孩：$P_3 \sim P_{97}$体重5.8～9.2kg，P_{50}体重为7.3kg

满6月龄的牙齿

宝宝完整萌出第一粒乳牙的时间通常是在6～9月龄。尽管有的宝宝在3月龄左右就会露出小牙尖，但完整萌出一般都在6月龄左右（以后）。萌牙会刺激唾液（口水）的分泌，通常宝宝在3月龄左右就有流口水的现象，到了6月龄左右流口水的现象会更加明显。

吞咽期（满6月龄）宝宝的营养需求

奶类还是1岁以内宝宝的主要能量和营养来源，在添加辅食最初几个月中，奶量摄入基本保持不变。宝宝满6月龄时，以P_{50}体重的男孩为例，每天需要大约632kcal的能量，以P_{50}体重的女孩为例，每天需要大约584kcal的能量；每天奶量保持800ml左右（每天保持6～8次的喂奶频次），以每天摄入大约800ml的母乳来计算，母乳大约可以提供520kcal的能量；每天母乳（和/或配方奶）与每天辅食的热量占比为90%～80%：10%～20%。

需要注意强化铁（详见P_{44}、P_{49}页）的补充。强化铁米粉、动物全血、动物肝脏、牛肉等含铁丰富，新鲜的蔬菜和水果富含维生素C，有助于铁的吸收。

吞咽期（满6月龄）宝宝的消化能力

消化淀粉类食物的唾液淀粉酶和胰淀粉酶开始活跃，已经可以尝试淀粉类的食物。这个时期，口腔处理食物的方式基本还是整吞整咽（舌头前后活动吞咽食物），食物通常需要制成柔滑的泥，稠度参考十倍粥/七倍粥向五倍粥（软粥）过渡。

吞咽期（满6月龄）宝宝的一日作息参考

吞咽期（满6月龄）宝宝的一日作息参考		
时间	宝宝	主要带养人（妈妈）
8:00—8:30	吃奶	
8:30—10:30	散步、买菜、游戏活动	
10:30—11:00	吃奶	
11:00—13:00	小睡	备餐和午餐
13:00—13:30	辅食或者先吃辅食后吃奶	
13:30—14:30	游戏活动	
14:30—16:30	小睡	家务
16:30—17:00	吃奶	
17:00—18:00	散步、游戏活动	
18:00—19:30	其他家庭成员时间（爸爸时间）	备餐和晚餐
19:30—20:00	吃奶	
20:00—20:30	睡前程序	
20:30—次日8:00	睡觉、夜奶	个人时间、睡觉

注｜不同的婴儿和家庭有自己的生活作息规律，此表仅作为参考，可以根据实际情况酌情调整。

吞咽期（满6月龄）宝宝的一月饮食举例

吞咽期（满6月龄）宝宝的一月饮食举例

时间		8:00—8:30 吃奶	10:30—11:00 吃奶	13:00—13:30 辅食+吃奶	16:30—17:00 吃奶	19:30—20:00 吃奶	20:30—次日8:00 睡觉、夜奶
第一周	周一	母乳或配方奶约150ml	母乳或配方奶约150ml	1勺十倍粥+吃奶	母乳或配方奶约150ml	母乳或配方奶约150ml	可有若干次夜奶
	周二	母乳或配方奶约150ml	母乳或配方奶约150ml	1勺十倍粥+吃奶	母乳或配方奶约150ml	母乳或配方奶约150ml	可有若干次夜奶
	周三	母乳或配方奶约150ml	母乳或配方奶约150ml	2勺十倍粥+吃奶	母乳或配方奶约150ml	母乳或配方奶约150ml	可有若干次夜奶
	周四	母乳或配方奶约150ml	母乳或配方奶约150ml	2勺十倍粥+吃奶	母乳或配方奶约150ml	母乳或配方奶约150ml	可有若干次夜奶
	周五	母乳或配方奶约150ml	母乳或配方奶约150ml	3勺十倍粥+吃奶	母乳或配方奶约150ml	母乳或配方奶约150ml	可有若干次夜奶
	周六	母乳或配方奶约150ml	母乳或配方奶约150ml	3勺十倍粥+1勺南瓜泥+吃奶	母乳或配方奶约150ml	母乳或配方奶约150ml	可有若干次夜奶
	周日	母乳或配方奶约150ml	母乳或配方奶约150ml	3勺十倍粥+1勺南瓜泥+吃奶	母乳或配方奶约150ml	母乳或配方奶约150ml	可有若干次夜奶
第二周	周一	母乳或配方奶约150ml	母乳或配方奶约150ml	3勺七倍粥+1勺南瓜泥+吃奶	母乳或配方奶约150ml	母乳或配方奶约150ml	可有若干次夜奶
	周二	母乳或配方奶约150ml	母乳或配方奶约150ml	3勺七倍粥+1勺苹果泥+吃奶	母乳或配方奶约150ml	母乳或配方奶约150ml	可有若干次夜奶
	周三	母乳或配方奶约150ml	母乳或配方奶约150ml	3勺七倍粥+1勺苹果泥+吃奶	母乳或配方奶约150ml	母乳或配方奶约150ml	可有若干次夜奶

吞咽期（满6月龄）宝宝的一月饮食举例

	时间	8:00—8:30 吃奶	10:30—11:00 吃奶	13:00—13:30 辅食+吃奶	16:30—17:00 吃奶	19:30—20:00 吃奶	20:30—次日8:00 睡觉、夜奶
第二周	周四	母乳或配方奶约150ml	母乳或配方奶约150ml	3勺七倍粥+1勺苹果泥+吃奶	母乳或配方奶约150ml	母乳或配方奶约150ml	可有若干次夜奶
	周五	母乳或配方奶约150ml	母乳或配方奶约150ml	3勺七倍粥+1勺红薯泥+吃奶	母乳或配方奶约150ml	母乳或配方奶约150ml	可有若干次夜奶
	周六	母乳或配方奶约150ml	母乳或配方奶约150ml	3勺七倍粥+1勺红薯泥+吃奶	母乳或配方奶约150ml	母乳或配方奶约150ml	可有若干次夜奶
	周日	母乳或配方奶约150ml	母乳或配方奶约150ml	3勺七倍粥+1勺红薯泥+吃奶	母乳或配方奶约150ml	母乳或配方奶约150ml	可有若干次夜奶
第三周	周一	母乳或配方奶约150ml	母乳或配方奶约150ml	适量七倍粥+1勺尖鱼肉泥+吃奶	母乳或配方奶约150ml	母乳或配方奶约150ml	可有若干次夜奶
	周二	母乳或配方奶约150ml	母乳或配方奶约150ml	适量七倍粥+适量鱼肉泥+吃奶	母乳或配方奶约150ml	母乳或配方奶约150ml	可有若干次夜奶
	周三	母乳或配方奶约150ml	母乳或配方奶约150ml	适量七倍粥+适量鱼肉泥+吃奶	母乳或配方奶约150ml	母乳或配方奶约150ml	可有若干次夜奶
	周四	母乳或配方奶约150ml	母乳或配方奶约150ml	适量七倍粥+1勺香蕉泥+吃奶	母乳或配方奶约150ml	母乳或配方奶约150ml	可有若干次夜奶
	周五	母乳或配方奶约150ml	母乳或配方奶约150ml	适量七倍粥+适量香蕉泥+吃奶	母乳或配方奶约150ml	母乳或配方奶约150ml	可有若干次夜奶
	周六	母乳或配方奶约150ml	母乳或配方奶约150ml	适量七倍粥+适量香蕉泥+吃奶	母乳或配方奶约150ml	母乳或配方奶约150ml	可有若干次夜奶
	周日	母乳或配方奶约150ml	母乳或配方奶约150ml	适量七倍粥+1勺尖牛肉泥+吃奶	母乳或配方奶约150ml	母乳或配方奶约150ml	可有若干次夜奶

吞咽期（满6月龄）宝宝的一月饮食举例

时间	8:00—8:30 吃奶	10:30—11:00 吃奶	13:00—13:30 辅食+吃奶	16:30—17:00 吃奶	19:30—20:00 吃奶	20:30—次日8:00 睡觉、夜奶
第四周 周一	母乳或配方奶约150ml	母乳或配方奶约150ml	适量七倍粥+适量牛肉泥+吃奶	母乳或配方奶约150ml	母乳或配方奶约150ml	可有若干次夜奶
周二	母乳或配方奶约150ml	母乳或配方奶约150ml	适量七倍粥+适量牛肉泥+吃奶	母乳或配方奶约150ml	母乳或配方奶约150ml	可有若干次夜奶
周三	母乳或配方奶约150ml	母乳或配方奶约150ml	适量七倍粥+1勺胡萝卜泥+吃奶	母乳或配方奶约150ml	母乳或配方奶约150ml	可有若干次夜奶
周四	母乳或配方奶约150ml	母乳或配方奶约150ml	适量七倍粥+适量胡萝卜泥+吃奶	母乳或配方奶约150ml	母乳或配方奶约150ml	可有若干次夜奶
周五	母乳或配方奶约150ml	母乳或配方奶约150ml	适量七倍粥+适量胡萝卜泥+吃奶	母乳或配方奶约150ml	母乳或配方奶约150ml	可有若干次夜奶
周六	母乳或配方奶约150ml	母乳或配方奶约150ml	适量七倍粥+1勺尖鸭肝泥+吃奶	母乳或配方奶约150ml	母乳或配方奶约150ml	可有若干次夜奶
周日	母乳或配方奶约150ml	母乳或配方奶约150ml	适量七倍粥+适量鸭肝泥+吃奶	母乳或配方奶约150ml	母乳或配方奶约150ml	可有若干次夜奶
第五周 周一	母乳或配方奶约150ml	母乳或配方奶约150ml	适量七倍粥+适量鸭肝泥+吃奶	母乳或配方奶约150ml	母乳或配方奶约150ml	可有若干次夜奶
周二	母乳或配方奶约150ml	母乳或配方奶约150ml	适量七倍粥+1勺鸭梨泥+吃奶	母乳或配方奶约150ml	母乳或配方奶约150ml	可有若干次夜奶
周三	母乳或配方奶约150ml	母乳或配方奶约150ml	适量七倍粥+适量鸭梨泥+吃奶	母乳或配方奶约150ml	母乳或配方奶约150ml	可有若干次夜奶
周四	母乳或配方奶约150ml	母乳或配方奶约150ml	适量七倍粥+适量鸭梨泥+吃奶	母乳或配方奶约150ml	母乳或配方奶约150ml	可有若干次夜奶

注 不同的婴儿和家庭有自己的饮食规律，此表仅作为参考，可以根据实际情况酌情调整。

吞咽期（满6月龄）宝宝常见辅食的制作

吞咽期（满6月龄）宝宝常见辅食的制作

十倍粥	大米洗净，1杯大米加10杯水的比例入锅煮粥（强化铁米粉照此稠度冲泡为宜）
七倍粥	大米洗净，1杯大米加7杯水的比例入锅煮粥（强化铁米粉照此稠度冲泡为宜）
叶菜泥	叶菜洗净，入锅焯熟，切碎，用研磨碗或辅食机碾磨成糊状并滤渣
瓜菜泥	瓜菜洗净，去皮，切块，入锅蒸或煮烂，用勺子或研磨碗碾磨成糊状并滤渣
水果泥	水果洗净，去皮，切块，用辅食机碾磨成柔滑的泥状
白肉鱼泥	将鱼洗净，入锅蒸熟，去皮，除刺，用勺子或研磨碗碾磨成柔滑的泥状
河虾肉泥	将虾洗净，去头，剥壳，除虾线，入锅白灼，用辅食机碾磨成糊状，加凉白开水少许继续碾磨成柔滑的泥状
牛瘦肉泥	牛肉选择瘦肉，洗净，切块，入锅焯水，煮熟，用辅食机碾磨成糊状，加凉白开水少许继续碾磨成柔滑的泥状
鸡瘦肉泥	鸡肉选择瘦肉，洗净，切块，入锅焯水，煮熟，用辅食机碾磨成糊状，加凉白开水少许继续碾磨成柔滑的泥状
猪瘦肉泥	猪肉选择瘦肉，洗净，切块，入锅焯水，煮熟，用辅食机碾磨成糊状，加凉白开水少许继续碾磨成柔滑的泥状
鸭肝泥	选择优质鸭肝，洗净，入锅焯水，煮熟，切块，用辅食机碾磨成糊状，加凉白开水少许继续碾磨成柔滑的泥状
鸭血泥	选择优质鸭血，洗净，切块，入锅焯水，煮熟，用勺子或研磨碗碾磨成柔滑的泥状
豆腐泥	豆腐洗净，切块，入锅焯水，煮熟，用勺子或研磨碗碾磨成柔滑的泥状
蛋黄泥	鸡蛋洗净，入锅煮熟，去壳，只取蛋黄，用勺子或研磨碗碾磨成糊状，加凉白开水少许继续碾磨成柔滑的泥状

注 | 水果经过蒸煮之后制作可以避免一些宝宝发生口周过敏，但会损失部分营养。

此表仅作为参考，可以根据实际情况酌情调整。

儿科医生妈妈就吞咽期的常见问题答疑

Q 给宝宝添加辅食要遵循特别的顺序吗？

A 目前，没有任何医学证据证明根据某一特定顺序引入辅食会更有优势。

关于辅食添加的一些研究显示，在辅食添加的早期就引入一些常见的致敏食物，如奶制品、鸡蛋白、坚果、鱼、虾、蟹、贝等，并不会增加食物过敏的概率，在辅食添加的过程中避免或者延迟引入这些常见的致敏食物，也不会起到预防食物过敏的效果。甚至，也有一些研究认为，辅食添加的早期就引入丰富的食物反而可以起到预防食物过敏的效果。

没有医学证据证明先吃果泥的孩子之后继续引入辅食有困难，也没有医学证据证明先吃菜泥的孩子之后继续引入辅食就顺利。其实，孩子天生喜欢甜味，即使先添加菜泥后添加果泥，也确实无法改变这个与生俱来的嗜好。

因此，美国儿科学会的意见是，不必根据某一特定顺序引入辅食，也不必避免或者延迟引入常见的致敏食物。

不过，还是需要注意，每次只能给孩子添加一种新的食物，并且至少在孩子完全适应这种食物2～3天之后再开始引入另一种新的食物。尤其在辅食添加的早期，每添加一种新的食物之后，都需要观察孩子是否出现过敏反应，比如腹泻、皮疹、呕吐等。如果孩子出现任何不适，需要立即停止食用这种新的食物，并与孩子的儿科医生沟通情况。如果孩子没有出现任何不适，就可以开始着手引入另一种新的食物了。

所以，虽然不必根据某一特定顺序引入辅食，也不必避免或者延迟引入常见的致敏食物，但是，在辅食添加的实际操作过程中，引入辅食总是有一个"先来后到"的——如果你的孩子（或者你们家族）没有什么明显过敏史，那就不用过于在意引入辅食的顺序，如果你的孩子（或者你们家族）有严重的过敏史，那还是需要先避免可疑致敏食物，优先选择那些不易过敏并且容易消化的食物。

哪种食物适合作为宝宝的第一口辅食？

 虽然，目前没有任何医学证据表明根据某一特定顺序引入辅食会更有优势，但在实际添加辅食的过程中，总是有一个"先来后到"的。

大多数的家长在宝宝辅食添加的早期，都会担心自己选择的辅食是否能够满足宝宝生长发育的营养需求。其实，对于大多数的宝宝来说，第一口辅食吃什么并不是最为重要的，重要的是这种辅食是否可以强化铁而且还不会引起过敏。

国际母乳会等组织机构推荐香蕉作为宝宝的第一口辅食，以往儿童保健科医生们推荐蛋黄作为宝宝的第一口辅食。而目前，儿童保健科医生和营养科医生们较为一致的意见就是推荐强化铁的婴儿营养米粉作为宝宝的第一口辅食。

首先，精细的谷物类很少可能引发过敏反应，当宝宝生理上准备好了添加辅食，他的消化腺也就具备了消化淀粉类食物的能力。

其次，宝宝4～6月龄时，从母体获得并储备的铁逐渐消耗殆尽。铁是人体必需的微量营养素，参与血红蛋白和DNA合成以及能量代谢等重要生理过程。婴幼儿如果在胎儿期没有从母体获得并储备足够的铁元素，且辅食添加时也没有及时补充足量的铁元素，很容易发生铁缺乏和缺铁性贫血。缺铁性贫血损害婴幼儿的免疫功能，影响体格发育、智能发育，对婴幼儿健康的危害极大。而强化铁的婴儿营养米粉含有适量的铁元素。

此外，在辅食添加的早期，除了强化铁米粉，动物全血、动物肝脏、牛肉等含铁（血红素铁的来源）丰富的食物也是应该被优先引入的辅食。

仍有不少家长认为辅食添加开始让宝宝吃肉是不可思议的事。几十年前营养食物相对匮乏，可供选择的成品辅食少，加上辅食制作工具落后，很多食物确实很难做给婴儿吃。因此，类似鸡蛋这些容易获得，且质地绵软的食物，天然成了婴儿辅食的"中坚力量"。然而近十几年来一切都与时俱进啦！

辅食添加后每天需要给宝宝吃多少奶?

 在辅食添加的过程中,不能把辅食当成营养的唯一供给来源,主食还是母乳(和/或配方奶)。

宝宝的胃容量小,客观上需要能量和营养密度高的食物,奶类还是1岁以内宝宝的主要能量和营养来源。一般建议,1岁以下,喝母乳或者配方奶,只要母乳的量足够并不需要配方奶粉,不喝普通牛奶(鲜奶),不过满8月龄之后辅食可以开始试加酸奶和奶酪;1~2岁,可以喝普通牛奶(鲜奶),并且可以喝(4%脂肪含量的)全脂奶或者(2%脂肪含量的)降脂牛奶;2岁以上,可以喝普通牛奶(鲜奶),并且可以喝(1%脂肪含量的)低脂牛奶甚至(不含脂肪的)脱脂牛奶。

如果宝宝体重超重或有超重风险,或者有肥胖、高血压、心脏病的家族遗传史,医生才会建议喝降脂、低脂甚至脱脂牛奶。

各种不同牛奶中钙的含量基本相同,脂肪含量各有不同,热量也就各不相同。

不同牛奶	脂肪含量	每250ml的热量/kcal
全脂牛奶	4%	150
降脂牛奶	2%	120
低脂牛奶	1%	100
脱脂牛奶	0%	80

为了帮助大家了解不同阶段宝宝奶量摄入需求情况,我制作了以下表格可供大致参考。

月龄	热量占比 每天的母乳（配方奶）： 每天的辅食	每天奶量/ml	每天喂奶次数
1~6月龄	100%：0%	400~1000 （不同月龄差别较大）	6~8次
6月龄	90%~80%：10%~20%	800左右	6~8次
7~8月龄	80%~70%：20%~30%	800左右	5~7次
9~10月龄	70%~60%：30%~40%	不少于600	4~6次
11~12月龄	60%~50%：40%~50%	不少于600	大约4次左右

不少家长急着要让宝宝多吃一点辅食，其实对照上表，可能你的宝宝辅食的量已经吃得太多，而奶的量却已经吃得不足了。

 辅食添加后每天需要给宝宝喂多少水？

 很多家长都会纠结每天究竟要给孩子喝多少水，其实这并没有统一的答案，需要根据每个孩子的不同情况而定。

6月龄以内添加辅食之前的宝宝，无论是母乳喂养，还是人工喂养（当然，冲泡配方奶还是需要用到水的，就是要注意按照说明书的要求冲泡，切勿冲泡过浓），或是混合喂养，通常不需要额外增加饮水。宝宝完全可以通过摄入足量的母乳（和/或配方奶），来获得身体所需的足够水分。即使体温升高、天气炎热、大量出汗等情况也只需要增加吃奶的频次和量。

6月龄以后开始添加辅食的宝宝，就开始需要适当增加饮水，但不要给孩子包括果汁在内的其他饮料。婴幼儿和儿童每日所需摄入的水分与实际年龄和体重相关。粗略算，满9月龄~1周岁的婴儿，每千克体重每天所需摄入的水分是100~110ml，开始添加辅食以后到1周岁之前，孩子每天需要额外摄入的白开水并不多，除去母乳（和/或配方奶）中的水分，除去食物中的水分，平时也就是在每次吃完辅食之后让宝宝喝几口白开水的量，每天120~180ml。可以在每次吃完辅食之后让宝宝喝几口白开水，既是漱口又补充了水分。

水的摄入并不是越多越好，千万不要让孩子喝太多水。喝水占肚子，如果影响到了孩子的正常饮食，可能导致热量摄入不足，则需要适当控制饮水的量了。保证孩子想喝水就能喝到水即可。如果宝宝的小便偏黄、嘴唇偏干、哭时眼泪变少，说明饮水不足；如果天气炎热或者大量出汗，或有发热、呕吐、腹泻等情况，往往需要增加水分补充。

另外，在宝宝学会用普通杯子喝水之前，可以把白开水放在学饮杯或者吸管杯中给他喝，尽量不要使用奶瓶。

【遇到以下情况需要增加饮水量】

如果是夏季，所处环境温度超过30℃，环境温度每上升1℃每千克体重所需摄入的水分需要在之前的基础上再增加30ml。

如果儿童发热，体温高于37℃，体温每上升1℃每千克体重所需摄入的水分需要在之前的基础上再增加10%。

如果儿童有大量腹泻、呕吐，每千克体重所需摄入的水分还需要再根据实际情况有所增加。

 辅食添加后要给宝宝喝鲜榨水果汁吗？

 喝果汁和吃水果实际上差别还是很大的。果汁并没有浓缩水果中所有的营养成分。

我们希望通过水果获得的健康成分其实包括膳食纤维、矿物质元素、维生素等。但是，水果榨成果汁之后，只有易溶于水的糖分、花青素等会留在果汁中，不易溶于水的部分，比如几乎所有的膳食纤维、大部分的矿物质元素等，都会被丢弃在果渣当中。另外，在压榨过程中，水果中的维生素C和抗氧化物质也会受到一些损失。

果汁几乎浓缩了水果中所有的糖分，越来越多证据显示，饮用果汁可能引发婴幼儿和儿童的肥胖和龋齿问题。所以，2017年5月，美国儿科学会发布了关于婴幼儿饮用果汁的最新指南——在此之前，美国儿科学会的立场是不要给6月龄以内添加辅食之前的宝宝喝果汁，而6月龄以后开始添加辅食的宝宝可以每天限量喝果汁，但吃水果比喝果汁会有更多益处——目前新指南的最大改变就是，不建议给1岁以内宝宝喝果汁。

6月龄以内添加辅食之前的宝宝不建议给果汁。无论是母乳喂养，还是人工喂养，或是混合喂养，宝宝完全可以通过摄入足量的母乳（和/或配方奶），来获得人体需要的所有的能量、营养包括水分，并不需要通过水果来额外增加维生素、矿物质元素等。

6月龄以后开始添加辅食的宝宝也不建议给果汁。辅食添加初期阶段，可以尝试果泥，用勺子刮下果泥或者用辅食工具碾磨果泥给宝宝吃即可。辅食添加中后期，孩子完全可以自己吃新鲜水果片甚至整个新鲜水果了。

即使1岁以上孩子喝果汁也有限制。首先，确保喝的是灭菌的纯果汁，不是经过勾兑的果味饮料。没有经过灭菌的纯果汁，比如自己家里鲜榨的果汁，在自制过程当中可能含有一些威胁孩子健康的病原体，比如大肠杆菌、沙门氏菌等。其次，即使喝的是灭菌的纯果汁，摄入量也有限制，1～3岁幼儿每天不超过4oz（约120ml），4～6岁儿童每天4～6oz（120～180ml），7～18岁儿童每天不超过8oz（约240ml）。还有，只能放在普通杯子喝，不要放在奶瓶、学饮杯、吸管杯等给宝宝喝——让宝宝经常啜饮含糖液体，牙齿长久浸泡在含糖液体中，就会发生龋齿。

简单说，水果是用来吃的，不是用来喝的，还是建议尽量吃完整的水果，因为完整的水果的营养价值大于纯果汁。

应该选择国产还是美产的强化铁米粉？

一些国外产的强化铁米粉铁含量是国产的强化铁米粉铁含量的4～10倍，甚至同一品牌的美产版与国产版也差10倍哦。国外产的强化铁米粉的铁含量远远超过中国国家食品安全标准（《GB10769-2010婴幼儿谷物辅助食品》中的铁含量指标为0.25～0.5mg/100KJ），因此很多家长一方面担心宝宝缺铁，一方面又担心给宝宝补铁过量。

其实，抛开摄入的量只谈含量毫无实际意义。

6～12月龄宝宝每日铁的推荐摄入量：中国营养学会给出的建议是10mg/d，美国FDA给出的建议是15mg/d。

假如宝宝每天吃两次每次20g（参考国内版米粉单次推荐量）左右的国内版米粉，大约每天可以提供2.5mg左右的铁。如果这个宝宝一直食用强化铁的配方奶粉而且每天保证600～800ml以上，或者这个宝宝的辅食中每天都有足够的高铁食物（比如鸭肝的铁含量为23.1mg/100g、鸭血的铁含量为30.5mg/100g、牛肉里脊的铁含量为4.4mg/100g），或许可以基本达到10mg/d的铁摄入量。

假如宝宝每天吃15g克左右（参考美国版米粉单次推荐量）的国外版米粉两次，大约每天可以提供13mg以上的铁（最高的甚至可以达到28mg左右的铁）。尽管如此，依然完全控制在可耐受的最高摄入量范围（40mg/d）之内。

换而言之，如果宝宝的食物中铁足够丰富，国产版的米粉也可以提供足够的铁；如果宝宝的食物中高铁食物缺乏或者明确存在缺铁倾向，可以尝试选择美产版的米粉。

第三节 蠕嚼期（满7～8月龄）如何添加辅食

蠕嚼期（满7～8月龄）宝宝的发育水平

满7月龄的身长

男孩：P_3～P_{97}身长65.1～73.2cm，P_{50}身长为69.2cm

女孩：P_3～P_{97}身长62.9～71.6cm，P_{50}身长为67.3cm

满7月龄的体重

男孩：P_3～P_{97}体重6.7～10.2kg，P_{50}体重为8.3kg

女孩：P_3～P_{97}体重6.1～9.6kg，P_{50}体重为7.6kg

满8月龄的身长

男孩：P_3～P_{97}身长66.5～74.7cm，P_{50}身长为70.6cm

女孩：P_3～P_{97}身长64.3～73.2cm，P_{50}身长为68.7cm

满8月龄的体重

男孩：P_3～P_{97}体重7.0～10.5kg，P_{50}体重为8.6kg

女孩：P_3～P_{97}体重6.3～10.0kg，P_{50}体重为7.9kg

满7～8月龄的牙齿

乳牙的萌出会遵循一定的顺序。大部分宝宝会在8月龄左右完整萌出两颗下中切牙，但不必过分拘泥于此，萌牙的顺序并不影响牙齿发育。

宝宝长牙的迹象，除了会有大量流口水、牙龈红肿疼痛，还会出现啃咬各种物品、情绪烦躁、胃口变差、睡眠变差等现象，甚至出现发热、腹泻等症状，家长除了给宝宝适当按摩牙龈和各种对症处理之外，还要用语言和拥抱等给予宝宝情绪上的安抚，你的包容和安抚能减轻宝宝的痛苦。

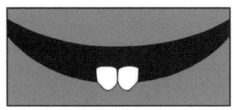

8月龄宝宝的牙齿

⟋⟍ 蠕嚼期（满7~8月龄）宝宝的营养需求

奶类还是1岁以内宝宝的主要能量和营养来源，在添加辅食最初几个月中，奶量摄入基本保持不变。宝宝满7月龄时，以P_{50}体重的男孩为例，每天需要大约664kcal 的能量，以P_{50}体重的女孩为例，每天需要大约608kcal的能量；宝宝满8月龄时，以P_{50}体重的男孩为例，每天需要大约688kcal的能量；以P_{50}体重的女孩为例，每天需要大约632kcal的能量。以每天摄入大约800ml的母乳（每天保持5~7次的喂奶频次）来计算，母乳大约可以提供520kcal的能量；每天母乳（和/或配方奶）与每天辅食的热量占比为80%~70%：20%~30%。

需要注意强化铁的补充。强化铁米粉、动物全血、动物肝脏、牛肉等含铁丰富，新鲜的蔬菜和水果富含维生素C，有助于铁的吸收。

⟋⟍ 蠕嚼期（满7~8月龄）宝宝的消化能力

这个时期，口腔处理食物的方式主要是舌捣烂（舌头上下活动碾碎食物）+牙龈咀嚼，食物通常需要制成稍厚的糊，稠度参考五倍粥（软粥）向四倍粥（硬粥）过渡。经过辅食添加的第1个月，宝宝的辅食种类也逐渐变得丰富起来，到了本阶段末，已经可以尝试烂面条、自制酸奶等。

🥄 蠕嚼期（满7~8月龄）宝宝的一日作息参考

蠕嚼期（满7~8月龄）宝宝的一日作息参考

时间	宝宝	主要带养人（妈妈）
8:00—8:30	吃奶	
8:30—10:30	散步、买菜、游戏活动	
10:30—11:00	吃奶	
11:00—12:30	小睡	备餐和午餐
12:30—13:00	游戏活动	
13:00—13:30	辅食或者先吃辅食后吃奶	
13:30—14:30	游戏活动	
14:30—16:30	小睡	家务
16:30—17:00	辅食或者先吃辅食后吃奶	
17:00—18:00	散步、游戏活动	
18:00—19:30	其他家庭成员时间（爸爸时间）	备餐和晚餐
19:30—20:00	吃奶	
20:00—20:30	睡前程序	
20:30—次日8:00	睡觉、夜奶	个人时间、睡觉

注 ┃ 不同的婴儿和家庭有自己的生活作息规律，此表仅作为参考，可以根据实际情况酌情调整。

蠕嚼期（满7~8月龄）宝宝的一月饮食举例

蠕嚼期（满7~8月龄）宝宝的一月饮食举例

时间		8:00—8:30 吃奶	10:30—11:00 吃奶	13:00—13:30 辅食+吃奶	16:30—17:00 辅食+吃奶	19:30—20:00 吃奶	20:30—次日8:00 睡觉、夜奶
第一周	周一	母乳或配方奶约180ml	母乳或配方奶约180ml	适量五倍粥+1勺尖鸡（胸）肉糊+吃奶	适量五倍粥+适量南瓜糊+吃奶	母乳或配方奶约180ml	可有若干次夜奶
	周二	母乳或配方奶约180ml	母乳或配方奶约180ml	适量五倍粥+适量鸡（胸）肉糊+吃奶	适量五倍粥+适量南瓜糊+吃奶	母乳或配方奶约180ml	可有若干次夜奶
	周三	母乳或配方奶约180ml	母乳或配方奶约180ml	适量五倍粥+适量鸡（胸）肉糊+吃奶	适量五倍粥+适量南瓜糊+吃奶	母乳或配方奶约180ml	可有若干次夜奶
	周四	母乳或配方奶约180ml	母乳或配方奶约180ml	适量五倍粥+1勺尖猪肉(瘦)糊+吃奶	适量五倍粥+适量苹果糊+吃奶	母乳或配方奶约180ml	可有若干次夜奶
	周五	母乳或配方奶约180ml	母乳或配方奶约180ml	适量五倍粥+适量猪肉(瘦)糊+吃奶	适量五倍粥+适量苹果糊+吃奶	母乳或配方奶约180ml	可有若干次夜奶
	周六	母乳或配方奶约180ml	母乳或配方奶约180ml	适量五倍粥+适量猪肉(瘦)糊+吃奶	适量五倍粥+适量苹果糊+吃奶	母乳或配方奶约180ml	可有若干次夜奶
	周日	母乳或配方奶约180ml	母乳或配方奶约180ml	适量五倍粥+1勺尖豆腐糊+吃奶	适量五倍粥+适量红薯糊+吃奶	母乳或配方奶约180ml	可有若干次夜奶
第二周	周一	母乳或配方奶约180ml	母乳或配方奶约180ml	适量五倍粥+适量豆腐糊+吃奶	适量五倍粥+适量红薯糊+吃奶	母乳或配方奶约180ml	可有若干次夜奶
	周二	母乳或配方奶约180ml	母乳或配方奶约180ml	适量五倍粥+适量豆腐糊+吃奶	适量五倍粥+适量红薯糊+吃奶	母乳或配方奶约180ml	可有若干次夜奶

蠕嚼期（满7~8月龄）宝宝的一月饮食举例

时间		8:00—8:30 吃奶	10:30—11:00 吃奶	13:00—13:30 辅食+吃奶	16:30—17:00 辅食+吃奶	19:30—20:00 吃奶	20:30—次日8:00 睡觉、夜奶
第二周	周三	母乳或配方奶约180ml	母乳或配方奶约180ml	适量五倍粥+1勺尖蛋黄糊+吃奶	适量五倍粥+适量香蕉糊+吃奶	母乳或配方奶约180ml	可有若干次夜奶
	周四	母乳或配方奶约180ml	母乳或配方奶约180ml	适量五倍粥+适量蛋黄糊+吃奶	适量五倍粥+适量香蕉糊+吃奶	母乳或配方奶约180ml	可有若干次夜奶
	周五	母乳或配方奶约180ml	母乳或配方奶约180ml	适量五倍粥+适量蛋黄糊+吃奶	适量五倍粥+适量香蕉糊+吃奶	母乳或配方奶约180ml	可有若干次夜奶
	周六	母乳或配方奶约180ml	母乳或配方奶约180ml	适量五倍粥+1勺尖鸭血糊+吃奶	适量五倍粥+适量胡萝卜糊+吃奶	母乳或配方奶约180ml	可有若干次夜奶
	周日	母乳或配方奶约180ml	母乳或配方奶约180ml	适量五倍粥+适量鸭血糊+吃奶	适量五倍粥+适量胡萝卜糊+吃奶	母乳或配方奶约180ml	可有若干次夜奶
第三周	周一	母乳或配方奶约180ml	母乳或配方奶约180ml	适量五倍粥+适量鸭血糊+吃奶	适量五倍粥+适量胡萝卜糊+吃奶	母乳或配方奶约180ml	可有若干次夜奶
	周二	母乳或配方奶约180ml	母乳或配方奶约180ml	适量五倍粥+1勺尖新鱼肉糊+吃奶	适量五倍粥+适量鸭梨糊+吃奶	母乳或配方奶约180ml	可有若干次夜奶
	周三	母乳或配方奶约180ml	母乳或配方奶约180ml	适量五倍粥+适量新鱼肉糊+吃奶	适量五倍粥+适量鸭梨糊+吃奶	母乳或配方奶约180ml	可有若干次夜奶
	周四	母乳或配方奶约180ml	母乳或配方奶约180ml	适量五倍粥+适量新鱼肉糊+吃奶	适量五倍粥+适量鸭梨糊+吃奶	母乳或配方奶约180ml	可有若干次夜奶
	周五	母乳或配方奶约180ml	母乳或配方奶约180ml	适量五倍粥+适量牛肉糊+吃奶	适量五倍粥+1勺尖木瓜糊+吃奶	母乳或配方奶约180ml	可有若干次夜奶
	周六	母乳或配方奶约180ml	母乳或配方奶约180ml	适量五倍粥+适量牛肉糊+吃奶	适量五倍粥+适量木瓜糊+吃奶	母乳或配方奶约180ml	可有若干次夜奶
	周日	母乳或配方奶约180ml	母乳或配方奶约180ml	适量五倍粥+适量牛肉糊+吃奶	适量五倍粥+适量木瓜糊+吃奶	母乳或配方奶约180ml	可有若干次夜奶

蠕嚼期（满7～8月龄）宝宝的一月饮食举例

时间	8:00—8:30 吃奶	10:30—11:00 吃奶	13:00—13:30 辅食+吃奶	16:30—17:00 辅食+吃奶	19:30—20:00 吃奶	20:30—次日8:00 睡觉、夜奶
第四周 周一	母乳或配方奶约180ml	母乳或配方奶约180ml	适量五倍粥+适量鸭肝糊+吃奶	适量五倍粥+1勺尖土豆糊+吃奶	母乳或配方奶约180ml	可有若干次夜奶
周二	母乳或配方奶约180ml	母乳或配方奶约180ml	适量五倍粥+适量鸭肝糊+吃奶	适量五倍粥+适量土豆糊+吃奶	母乳或配方奶约180ml	可有若干次夜奶
周三	母乳或配方奶约180ml	母乳或配方奶约180ml	适量五倍粥+适量鸭肝糊+吃奶	适量五倍粥+适量土豆糊+吃奶	母乳或配方奶约180ml	可有若干次夜奶
周四	母乳或配方奶约180ml	母乳或配方奶约180ml	适量五倍粥+适量鸡（胸）肉糊+吃奶	适量五倍粥+1勺尖新水果糊+吃奶	母乳或配方奶约180ml	可有若干次夜奶
周五	母乳或配方奶约180ml	母乳或配方奶约180ml	适量五倍粥+适量鸡（胸）肉糊+吃奶	适量五倍粥+适量水果糊+吃奶	母乳或配方奶约180ml	可有若干次夜奶
周六	母乳或配方奶约180ml	母乳或配方奶约180ml	适量五倍粥+适量鸡（胸）肉糊+吃奶	适量五倍粥+适量水果糊+吃奶	母乳或配方奶约180ml	可有若干次夜奶
周日	母乳或配方奶约180ml	母乳或配方奶约180ml	适量五倍粥+适量猪肉(瘦)糊+吃奶	适量五倍粥+1勺尖新蔬菜糊+吃奶	母乳或配方奶约180ml	可有若干次夜奶
第五周 周一	母乳或配方奶约180ml	母乳或配方奶约180ml	适量五倍粥+适量猪肉(瘦)糊+吃奶	适量五倍粥+适量蔬菜糊+吃奶	母乳或配方奶约180ml	可有若干次夜奶
周二	母乳或配方奶约180ml	母乳或配方奶约180ml	适量五倍粥+适量猪肉(瘦)糊+吃奶	适量五倍粥+适量蔬菜糊+吃奶	母乳或配方奶约180ml	可有若干次夜奶

注 | 不同的婴儿和家庭有自己的饮食规律，此表仅作为参考，可以根据实际情况酌情调整。

━━ 蠕嚼期（满7～8月龄）宝宝常见辅食的制作

蠕嚼期（满7～8月龄）宝宝常见辅食的制作	
五倍粥 （软粥）	大米洗净，1杯大米加5杯水的比例入锅煮粥（强化铁米粉照此稠度冲泡为宜）
叶菜糊	叶菜洗净，入锅焯熟，切碎，用研磨碗或辅食机碾磨成糊状
瓜菜糊	瓜菜洗净，去皮，切块，入锅蒸或煮烂，用勺子或研磨碗压成糊状
水果糊	水果洗净，去皮，切块，用勺子刮取或研磨碗碾磨成糊状
白肉鱼糊	将鱼洗净，入锅蒸熟，去皮，除刺，用勺子或研磨碗碾磨成糊状
河虾肉糊	将虾洗净，去头，剥壳，除虾线，入锅白灼，用辅食机碾磨成糊状
牛瘦肉糊	牛肉选择瘦肉，洗净，切块，入锅焯水，煮熟，用辅食机碾磨成糊状
鸡瘦肉糊	鸡肉选择瘦肉，洗净，切块，入锅焯水，煮熟，用辅食机碾磨成糊状
猪瘦肉糊	猪肉选择瘦肉，洗净，切块，入锅焯水，煮熟，用辅食机碾磨成糊状
鸭肝糊	选择优质鸭肝，洗净，入锅焯水，煮熟，切块，用辅食机碾磨成糊状
鸭血糊	选择优质鸭血，洗净，切块，入锅焯水，煮熟，用勺子或研磨碗碾磨成糊状
豆腐糊	豆腐洗净，切块，入锅焯水，煮熟，用勺子或研磨碗碾磨成糊状
蛋黄糊	鸡蛋洗净，入锅煮熟，去壳，只取蛋黄，用勺子或研磨碗碾磨成糊状

注 | 水果经过蒸煮之后制作可以避免一些宝宝发生口过敏，但会损失部分营养。
此表仅作为参考，可以根据实际情况酌情调整。

儿科医生妈妈就蠕嚼期的常见问题答疑

 宝宝一吃辅食就吐出来或干呕怎么办?

没有充分咀嚼食物、食物太过粗糙、咽反射太敏感,这些是宝宝进食干呕的常见原因。如果宝宝没有异常哭闹,进食正常,精神如常,家长就不必特别担忧。

宝宝接受新的食物需要一个过程。辅食添加初期,由于挺舌反射还未消失,宝宝会把食物用舌头顶出来;因为吞咽动作还不协调,以及咽反射太敏感,宝宝也很容易发生干呕。这些其实都很正常。此外,"恐新"是人类自我保护的本能,宝宝对新的食物产生"恐新"其实也很正常,需要数天才能对新的食物放下"戒备"。

在宝宝不同月龄阶段,家长需要确保给予适合他们的辅食,考虑营养均衡的同时,还要考虑到适合宝宝的咀嚼和消化吸收,辅食将会刺激宝宝的味觉和口腔牙齿肌肉的发育。

宝宝进食干呕最常见于刚刚学习咀嚼的时期,当他试图吞下没有充分咀嚼的食物时就容易发生干呕。这时家长需要确保给予宝宝适合他们咀嚼的辅食,尽量把辅食的质地做得均匀一些,方便宝宝充分咀嚼。

在辅食添加的过程中,不要让宝宝一直只吃细腻柔滑的辅食,也不要让宝宝一下子就吃粗糙大块的辅食,辅食质地的变化要循序渐进。

如果辅食质地对于宝宝来说太过粗糙黏稠时,就会经常出现干呕,那就尝试将辅食质地稍微退回做得细腻稀薄一些。

通常运动能力较为落后的孩子咀嚼能力也会较为落后。另外,要鼓励孩子自主进食,咽反射太敏感的孩子,家长喂食比他自己进食更容易发生干呕,所以,把自主吃饭的权利越早交给孩子越好。

以上情况改善之后,如果孩子依然长期出现进食干呕,还请带孩子就医。

注意,宝宝6月龄到9月龄是辅食添加的重要时期,这时候要让宝宝尽量体验各种食物的口感,否则容易导致以后的进食困难。

宝宝只愿意吃奶不愿意吃辅食怎么办?

首先，孩子是否具备可以添加辅食的条件。虽说，满6月龄后是目前公认的适宜开始添加辅食的时间，但事实上，宝宝之间存在个体差异，添加辅食的时间在实际操作中也并非是一刀切的。如果在宝宝的身体没有准备好的情况下勉强开始添加辅食，只会让辅食添加的过程变得更加困难。所以，务必耐心等待可以添加辅食的迹象全部出现再尝试开始，同时，也不要疏忽观察，因为晚于8月龄就会错过锻炼口腔咀嚼和味觉发展的关键时期。

其次，要选择合适的时机给宝宝添加辅食。选择在宝宝心情愉悦的时候添加辅食，一般可以选择在白天的一次小睡醒来之后，或者选择宝宝半饱的时候，因为困倦和饥饿往往会让宝宝变得烦躁。当然，这并没有绝对的标准。

再次，要选择合适的人选来给宝宝喂辅食。给宝宝喂辅食的人选也很重要，事实上，妈妈不一定是给宝宝喂辅食的最佳人选。喝母乳的宝宝，可以尝试让妈妈以外其他亲近的人来喂辅食，因为宝宝实在抵挡不住妈妈身上母乳香味的诱惑。

还有，要少量多次尝试，新的食物需要适应过程，最初的辅食添加其实只是试吃，每天添加1次，每次只是少量，从1勺尖开始，如果宝宝适应这种新的食物，下次就可以再增加1个勺尖。

在辅食添加初期，宝宝的挺舌反射还没有完全消失，吞咽动作也还没有足够协调，咽反射又很敏感，宝宝进食之后干呕现象非常常见。而且，"恐新"是人类自我保护的本能，宝宝也需要一些时间去接受新的食物。

建议家长可以在不同时间尝试喂一种新的食物20次以上，要有耐心让宝宝慢慢接受适应各种新的食物，不吃也不强迫，可以改日再试。千万不要因为宝宝第一次第二次或者第十几次吐出食物就轻言放弃尝试添加辅食。

此外，要循序渐进添加，质地由稀到稠、由细到粗，种类由一种到多种。

添加辅食其实就是试吃，需要家长耐心去尝试，让宝宝慢慢适应各种新的口味和口感，如果宝宝实在厌恶某种食物，可以换一种再试试。每个宝宝都是独特的个体，永远不要把吃变成你和宝宝之间的战争。

选择自制婴儿辅食还是购买婴儿食品？

自制婴儿辅食固然很好，可以很大程度保证安全、卫生、新鲜，所以很多家庭倾向选择自制辅食。但是一些研究数据却显示家庭自制辅食存在搭配不合理、制作不理想等问题，婴儿在辅食添加之后容易发生营养不良问题。

市售婴儿食品，通常根据婴儿生长发育需求强化了一些营养素，选择正规厂家从食材选择到制作工艺再到包装物流均有保障。市售婴儿食品节省家长制作时间，营养搭配较为均衡，而且品种丰富易于保存，确实给一些家长提供了方便，但主要还是以泥糊类的为主。

鉴于此，在辅食添加初期，由于摄入食物种类较少，自制辅食很难提供全面均衡的营养，所以可以选择市售婴儿食品或者两者搭配；宝宝逐渐长大，当他能够从更多食物中摄入足够热量和营养之后，可以改吃自制婴儿辅食。

尤其建议购买强化铁的婴儿营养米粉代替自制米糊，因为自制米糊没有强化铁，而强化铁的婴儿营养米粉含有适量的铁元素。宝宝4～6月龄时，从母体获得并储备的铁逐渐消耗殆尽。铁是人体必需的微量营养素，参与血红蛋白和DNA合成以及能量代谢等重要生理过程。婴幼儿如果在胎儿期没有从母体获得并储备足够的铁元素，且辅食添加时也没有及时补充足量的铁元素，很容易发生铁缺乏和缺铁性贫血。缺铁性贫血损害婴幼儿的免疫功能，影响体格发育、智能发育，对婴幼儿健康的危害极大。

需要提醒大家，市售婴儿食品要按产品包装上的要求保存，否则保质期/保鲜期可能会缩短。另外，说明可以常温保存的也可以选择冷藏保存，因为一些营养素的保质与温度关系密切，研究发现冷藏可以延缓维生素的降解。

 居家照护小贴士

【食用罐装辅食的一些注意事项】

不要从罐子里直接挖食物喂给宝宝吃，一定要从罐子里先挖出一顿的量放在碗里，再从碗里喂给宝宝吃，吃得不够再从罐子里挖一些到碗里。吃剩的食物不能放回罐子里，以免滋生细菌。罐装食品密封的时候是真空状态，一旦开罐之后，需要尽快吃完，以免滋生细菌。

Q 自制辅食如何存储及避免硝酸盐影响？

A 自制辅食，务必保证食材新鲜卫生，保证食物存储制作过程安全卫生。我推荐大家现做现吃，但是制作辅食确实需要花费不少时间，一些家长选择一次多做一点，那么辅食的存储就非常重要了。

食材冷藏保鲜是有期限的：

新鲜的畜肉：4℃冷藏保鲜3～5天。

新鲜的禽肉：4℃冷藏保鲜1～2天。

新鲜的鱼虾：4℃冷藏保鲜1～2天。

新鲜的动物内脏：4℃冷藏保鲜1～2天。

此外，鱼、肉、蛋类，在4℃以上室温存放不宜超过2小时，在32℃以上室温存放不宜超过1小时。

以下是一些辅食保持新鲜美味的冷冻方法：

稀薄的泥糊可以装入小格的制冰盒冷冻。

稍厚的泥糊可以装入自封口保鲜袋冷冻，尽量挤出空气密封成真空，摊平后用筷子在袋外按压印记划分每次的使用量。

丸子等食物可以先放不锈钢的托盘上，用保鲜膜罩着冷冻一下，再放入保鲜袋分装冷冻。

软饭等食物可以分装在小的保鲜盒内，按照每次食用的量分成小份，需要注明冷冻时间。

把食物平摊放在不锈钢的托盘上冷冻，可以起到快速冷冻的效果。

冷冻食物最好不要在室温下解冻，可以在冷藏室、冷水或者微波炉里进行解冻。如果使用冷水或者微波炉进行解冻，解冻之后要立即烹饪。注意解冻之后不能复冻，辅食解冻之后要重新加热再吃。

平时检查冰箱温度，可以购买2支冰箱专用温度计，冷藏室和冷冻室各放1支，冷藏室的温度要保持在不高于4℃，冷冻室的温度要保持在不高于-18℃。如果突然停电，始终保持冰箱门关闭的话，通常冷藏室的食物可以安全保鲜4小时，冷冻室的食物可以安全保鲜48小时。恢复供电以后，检查冷冻室的温度，如果不高于4℃，食物还可以重新冷冻。

另外，冰箱内生的、熟的分开，务必尽快食用。除非临时取用的食物，不要放在冷藏室、冷冻室的门口，因为这里温度变化较大。

胡萝卜、菠菜等，容易产生硝酸盐，需要选择尽量新鲜的食材并且现做现吃，或者也可以选择市售婴儿食品。

Q 几种食材混合吃还是一种一种单独吃？

A 几种食材混合吃还是一种一种单独吃？这也是辅食添加初期很多家长非常纠结的问题。在国外，很多家长在辅食添加早期就会给宝宝提供混合的辅食泥（无论是自己制作还是购买成品）。

简单说，辅食添加初期，要给宝宝一种一种单独吃，经历了辅食添加早期之后，把几种已经完全适应的食物混合吃相对更有优势。需要注意，两种或者几种宝宝已经完全适应的食物可以混合吃，两种或者几种新的食物不能混合吃，否则很难分辨是何种食物导致过敏等情况，当然是否混合也得看宝宝的喜好（有些孩子不喜欢食物被混在一起放在同一个盘子里，有的孩子不喜欢食物被混合一起看不出各自原本的形态）。

辅食添加初期，因为此前宝宝还没有接受过乳类以外的其他食物，所以每次只给宝宝添加一种新的食物，并且至少完全适应这种食物2~3天之后，再开始引入另一种新的食物。新的食物单独喂，并且做好辅食添加记录，一方面，便于分辨是何种食物导致过敏等情况，另一方面，便于宝宝感受新的食物味道。

经历了辅食添加早期之后，宝宝完全适应的食物种类越来越多，把几种已经完全适应的食物混合吃相对更有优势。首先，丰富的食材可以提供更加均衡全面的营养。其次，食材的混搭可以避免日后养成挑食的习惯。还有，食材混搭之后，颜色口感互相搭配，可以提高进食的效率和质量。比如，西兰花、豌豆等食材的口感比较涩，若是与其他食材混搭可以消弭它们的涩味。比如，白粥或者面条里若是混搭宝宝爱吃的其他几种食材，不仅营养更加均衡，还可能提高主食的摄入量。

 可以给宝宝喝市售的酸奶吗？如何选择？

可以给宝宝吃市售酸奶，但是需要选择！

首先，外包装写着"饮料"或者"风味"二字的，直接可以忽略掉了，因为一定加了糖和其他成分。

其次，即使外包装没写"饮料"或者"风味"二字的"酸乳"（用特定的嗜热链球菌和保加利亚乳杆菌发酵的）和"发酵乳"（不规定用特定菌种发酵的），还需看下配料表，如果只有生牛乳和菌种，这样才是适合选择给宝宝食用的。

再次，即使外包装写着"原味"二字，最好还是看下配料表，确认只有生牛乳和菌种，没有加过糖和其他成分。

2岁以下的宝宝可以选择全脂酸奶，2岁以上体重超重或有超重风险，或者有肥胖、高血压、心脏病的家族遗传史的宝宝可以考虑选择低脂酸奶。

"低温活菌型酸奶"和"常温灭菌型酸奶"两者营养差别不大，不过活菌型酸奶含有"活的乳酸菌"，灭菌型酸奶基本没有。4℃冷藏条件，活菌型酸奶中的乳酸菌数量会缓慢下降，14天后活菌数大约降至十分之一，因此低温活菌型酸奶尽量要喝新鲜的，不然常温灭菌型酸奶也挺好的。

另外，喝完酸奶要用清水漱口，乳酸会增加龋齿概率。

第四节 细嚼期（满9~10月龄）如何添加辅食

细嚼期（满9~10月龄）宝宝的发育水平

满9月龄的身长

男孩：P_3~P_{97}身长67.7~76.2cm，P_{50}身长为72.0cm

女孩：P_3~P_{97}身长65.6~74.7cm，P_{50}身长为70.1cm

满9月龄的体重

男孩：P_3~P_{97}体重7.2~10.9kg，P_{50}体重为8.9kg

女孩：P_3~P_{97}体重6.6~10.4kg，P_{50}体重为8.2kg

满10月龄的身长

男孩：P_3~P_{97}身长69.0~77.6cm，P_{50}身长为73.3cm

女孩：P_3~P_{97}身长66.8~76.1cm，P_{50}身长为71.5cm

满10月龄的体重

男孩：P_3~P_{97}体重7.5~11.2kg，P_{50}体重为9.2kg

女孩：P_3~P_{97}体重6.8~10.7kg，P_{50}体重为8.5kg

满9~10月龄的牙齿

这个阶段宝宝通常已经萌出2~4颗牙齿了。大部分宝宝会在10月龄左右完整萌出两颗下中切牙和两颗上中切牙，但不必过分拘泥于此，萌牙的顺序并不影响牙齿发育。与体格生长一样，乳牙的生长同样受到遗传因素的影响，每个宝宝乳牙萌出的时间、速度和顺序都不一样。

平时需要做好宝宝的乳牙护理，养成早晚刷牙餐后漱口的习惯。刚开始萌牙时可用硅胶指套擦拭牙齿，长出几粒牙齿后可换成幼儿牙刷。

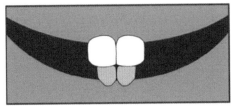

10月龄宝宝的牙齿

细嚼期（满9～10月龄）宝宝的营养需求

奶类还是1岁以内宝宝的主要能量和营养来源，每天母乳（和/或配方奶）与每天辅食的热量占比为70%～60%：30%～40%。

宝宝满9月龄时，以P_{50}体重的男孩为例，每天需要大约712kcal的能量；以P_{50}体重的女孩为例，每天需要大约656kcal的能量，每天奶量保持600ml左右（每天保持4～6次的喂奶频次）。以每天摄入大约600ml的母乳来计算，母乳大约可以提供390kcal的能量，即辅食需要额外提供270～320kcal能量。

宝宝满10月龄时，以P_{50}体重的男孩为例，每天需要大约736kcal的能量，以P_{50}体重的女孩为例，每天需要大约680kcal的能量，每天奶量保持600ml左右（每天保持4～6次的喂奶频次）。以每天摄入大约600ml的母乳来计算，母乳大约可以提供390kcal的能量，即辅食需要额外提供290～350kcal能量。

需要注意强化铁的补充。强化铁米粉、动物全血、动物肝脏、禽畜肉类等含铁丰富，新鲜的蔬菜和水果富含维生素C，有助于铁的吸收。

细嚼期（满9～10月龄）宝宝的消化能力

这个时期，口腔处理食物的方式主要是牙龈咀嚼，食物通常需要制成质地软烂的碎块，稠度参考四倍粥（硬粥）向软饭过渡。经过辅食添加的前3个月，宝宝的辅食种类也逐渐变得丰富起来，到了本阶段，很多食材可以搭配制作了。

细嚼期（满9～10月龄）宝宝的一日作息参考

细嚼期（满9～10月龄）宝宝的一日作息参考

时间	宝宝	主要带养人（妈妈）
7:30—8:00	吃奶	
8:00—9:30	散步、买菜	
9:30—10:00	先吃辅食后吃奶	
10:00—10:30	游戏活动	
10:30—12:00	小睡	备餐和午餐
12:00—12:30	辅食	
12:30—14:30	游戏活动	
14:30—15:00	吃奶	
15:00—16:30	小睡	家务
16:30—17:00	散步、游戏活动	
17:00—17:30	辅食	
17:30—18:00	游戏活动	
18:00—19:30	其他家庭成员时间（爸爸时间）	备餐和晚餐
19:30—20:00	吃奶	
20:00—20:30	睡前程序	
20:30—次日7：30	睡觉、夜奶	个人时间、睡觉

注 不同的婴儿和家庭有自己的生活作息规律，此表仅作为参考，可以根据实际情况酌情调整。

细嚼期（满9～10月龄）宝宝的一周饮食举例

细嚼期（满9～10月龄）宝宝的一周饮食举例

时间	7:30—8:00 吃奶	9:30—10:00 辅食+奶制品	12:00—12:30 辅食	14:30—15:00 吃奶	17:00—17:30 辅食	19:30—20:00 吃奶	20:30—次日7:30 睡觉、夜奶
周一	母乳或配方奶约200ml	强化铁营养米粉（干重20g）+西瓜（10g）+奶酪（干5g）	蔬菜粥（大米10g、菠菜10g、水80ml）+清蒸鲈鱼（鲈鱼20g、亚麻籽油1g、水适量、生姜适量、香葱适量）	母乳或配方奶约200ml	红枣馒头（中筋面粉20g、去核红枣5g、酵母适量、温水适量）+彩蔬牛肉羹（牛肉25g、去皮胡萝卜10g、西兰花10g、黄甜椒5g、去皮红番茄5g、芝麻油1g、水适量、淀粉适量）	母乳或配方奶约200ml	可有若干次夜奶
周二	母乳或配方奶约200ml	强化铁营养米粉（干重20g）+木瓜（10g）+奶酪（干5g）	二米粥（大米10g、小米10g、水80ml）+菠菜虾仁（虾仁20g、菠菜10g、芝麻油1g）	母乳或配方奶约200ml	紫薯花卷（中筋面粉20g、紫薯泥10g、酵母适量、温水适量）+彩蔬鸭血羹（鸭血25g、去皮胡萝卜10g、西兰花10g、黄甜椒5g、去皮红番茄5g、芝麻油1g、水适量、淀粉适量）	母乳或配方奶约200ml	可有若干次夜奶
周三	母乳或配方奶约200ml	强化铁营养米粉（干重20g）+香蕉（10g）+奶酪（干5g）	烂面片（中筋面粉20g、西兰花10g、水适量）+胡萝卜牛肉（胡萝卜10g，牛肉25g，亚麻籽油1g）	母乳或配方奶约200ml	香菇菜包（中筋面粉15g、油菜10g、香菇5g、酵母适量、温水适量）+肉末鸡蛋羹（鸡蛋液15g、猪肉5g、菠菜10g、芝麻油1g、温水适量）	母乳或配方奶约200ml	可有若干次夜奶

细嚼期（满9～10月龄）宝宝的一周饮食举例

时间	7:30—8:00 吃奶	9:30—10:00 辅食+奶制品	12:00—12:30 辅食	14:30—15:00 吃奶	17:00—17:30 辅食	19:30—20:00 吃奶	20:30—次日7:30 睡觉、夜奶
周四	母乳或配方奶约200ml	强化铁营养米粉（干重20g）+苹果（10g）+奶酪（干5g）	烂面条（中筋面粉20g、西兰花10g、水适量）+甜椒鸭肝（甜椒10g、鸭肝5g、亚麻籽油1g）	母乳或配方奶约200ml	白菜肉包（中筋面粉15g、白菜10g、猪肉10g、酵母适量、温水适量）+肉末豆腐羹（豆腐15g、猪肉10g、芝麻油1g、水适量、淀粉适量）	母乳或配方奶约200ml	可有若干次夜奶
周五	母乳或配方奶约200ml	强化铁营养米粉（干重20g）+橙子（10g）+奶酪（干5g）	小馄饨（中筋面粉15g、猪肉10g、葱花适量、水适量）+香菇肉糜（牛肉25g、香菇5g、香葱2g、亚麻籽油1g）	母乳或配方奶约200ml	菠菜发糕（中筋面粉20g、菠菜10g、酵母适量、温水适量）+彩蔬鳕鱼羹（鳕鱼10g、去皮胡萝卜10g、西兰花10g、黄甜椒5g、去皮红番茄5g、芝麻油1g、水适量、淀粉适量）	母乳或配方奶约200ml	可有若干次夜奶
周六	母乳或配方奶约200ml	强化铁营养米粉（干重20g）+牛油果（10g）+奶酪（干5g）	小饺子（中筋面粉15g、牛肉10g、葱花适量、水适量）+双色豆腐（鸭血25g、豆腐10g、芝麻油1g、水适量、香葱碎适量）	母乳或配方奶约200ml	南瓜米糕（大米粉20g、去皮南瓜10g、水适量）+彩蔬虾仁羹（虾仁10g、去皮胡萝卜10g、西兰花10g、黄甜椒5g、去皮红番茄5g、芝麻油1g、水适量、淀粉适量）	母乳或配方奶约200ml	可有若干次夜奶
周日	母乳或配方奶约200ml	强化铁营养米粉（干重20g）+鸭梨（10g）+奶酪（干5g）	面疙瘩（中筋面粉20g、去皮红番茄5g、水适量）+菠菜鸡茸（鸡肉15g、菠菜10g、芝麻油1g）	母乳或配方奶约200ml	鸡蛋煎饼（中筋面粉15g、鸡蛋液10g、香葱2g、水适量）+彩蔬鸭肝羹（鸭肝25g、去皮胡萝卜10g、西兰花10g、黄甜椒5g、去皮红番茄5g、芝麻油1g、水适量、淀粉适量）	母乳或配方奶约200ml	可有若干次夜奶

注 不同的婴儿和家庭有自己的饮食规律，此表仅作为参考，可以根据实际情况酌情调整。

━● 细嚼期（满9～10月龄）宝宝常见辅食的制备

细嚼期（满9～10月龄）宝宝常见辅食的制备	
四倍粥（硬粥）	大米洗净，1杯大米加4杯水的比例入锅煮粥（强化铁米粉可以照此稠度冲泡）
叶菜	叶菜洗净，入锅焯熟，切成5mm左右碎片
瓜菜	瓜菜洗净，去皮，切块，入锅蒸或煮烂，切成5mm左右碎块
水果	水果洗净，去皮，切成5mm左右碎块
白肉鱼	将鱼洗净，入锅蒸熟，去皮，除刺，切成5mm左右碎块
河虾肉	将虾洗净，去头，剥壳，除虾线，入锅白灼，切成5mm左右碎块
牛瘦肉	牛肉选择瘦肉，洗净，切块，入锅焯水，煮烂，切成5mm左右碎块
鸡瘦肉	鸡肉选择瘦肉，洗净，切块，入锅焯水，煮烂，切成5mm左右碎块
猪瘦肉	猪肉选择瘦肉，洗净，切块，入锅焯水，煮烂，切成5mm左右碎块
鸭肝	选择优质鸭肝，洗净，入锅焯水，煮熟，切成5mm左右碎块
鸭血	选择优质鸭血，洗净，切块，入锅焯水，煮熟，切成5mm左右碎块
豆腐	豆腐洗净，切块，入锅焯水，煮熟，切成5mm左右碎块
鸡蛋	鸡蛋洗净，入锅煮熟，去壳，切成5mm左右碎块，或者整个鸡蛋打散后蒸鸡蛋羹

注 ｜ 水果经过蒸煮之后制作可以避免一些宝宝发生口周过敏，但会损失部分营养。
此表仅作为参考，可以根据实际情况酌情调整。

儿科医生妈妈就细嚼期的常见问题答疑

 什么时候开始能给宝宝一点手指食物?

8、9月龄的宝宝，手的精细动作越来越灵活，开始会用手抓住食物往嘴里塞。这时候的宝宝具备了自主进食的能力，也具有了自主进食的意识，如果此时开始放手让宝宝自己吃，宝宝对吃的热情一定也会高很多。

按照精细动作发展的顺序，这阶段的宝宝尚未达到训练用勺的时候，但是并不妨碍我们鼓励宝宝尝试自主进食。鼓励宝宝尝试自主进食，家长一定要为宝宝提供合适的食物，手指食物是鼓励宝宝自主进食最初阶段的理想选择。

手指食物，顾名思义就是小块状或者小条状的食物，是宝宝可以轻松抓取，安全放入口中的食物。

手指食物并不是特指某几个种类的食物，其实可以包括很多种类的食物，但是需要确保是柔软的，容易吞咽的，或者在口中能够迅速融化的食物，以避免发生窒息。比如，小块的香蕉、小块的苹果、煮熟的小块南瓜、煮熟压碎的土豆、煮烂切碎的肉片、薄薄的饼干、煮烂的面食等，都是比较适宜的选择。只要是足够柔软的、容易吞咽的，切割成小块，取适量，放在餐桌或者餐盘上，让宝宝自己用手拿着吃就好了。

手指食物不仅可以训练宝宝手的精细动作，而且可以训练宝宝口腔的咀嚼功能，并且是由宝宝自己来控制进食的速度和进食的量，能较好地培养（保护）宝宝自主进食的能力和意识，为日后宝宝良好的饮食习惯打下基础。

辅食添加期间宝宝皮肤变黄了怎么办?

 门诊中，常常遇到家长急匆匆带着8、9月龄的宝宝来看"黄疸"。查看宝宝的身体，会发现他的手掌、脚掌和面部的皮肤明显发黄，但巩膜不黄，饮食、睡眠、大小便及生长发育均正常，甚至查肝功能检查结果也正常。询问宝宝近期吃些什么，原来连续几周的辅食不是胡萝卜就是南瓜。

以上症状，皮肤黄染而巩膜不黄染是最重要的特征，医学上称之为"高胡萝卜素血症"。

虽然，胡萝卜、南瓜、柑橘等都是非常有营养的食物，但是进食的频率需要控制，因为这类食物中含有丰富的类胡萝卜素。

类胡萝卜素在体内的代谢速率较低，一方面，因为类胡萝卜素转化成为维生素A的速率很慢，另一方面，因为类胡萝卜素被肝脏分解的速率也很慢，所以，当长期大量或者高剂量摄入类胡萝卜素丰富的食物或者胡萝卜素（补充剂），血液中的类胡萝卜素不断积蓄，沉积在皮肤角质层和黏膜层，就会出现皮肤黄染。

好在从食物中大量摄入类胡萝卜素一般不会引起毒性作用，大量摄入类胡萝卜素时肠道对其吸收率会降低，所以只可能发生"高胡萝卜素血症"，但不会发生"维生素A过多"的情况。

如果已经出现了"高胡萝卜素血症"，家长无须惊慌和用药，暂停摄入类胡萝卜素含量丰富的食物或者停止补充胡萝卜素（补充剂），这种现象就会逐渐消失。建议在给宝宝提供辅食时，一样需要注重食物多样化。

辅食添加期间宝宝吃什么拉什么怎么办?

宝宝吃什么拉什么，家长可能会担心宝宝无法获得足够的营养，其实，只要宝宝生长发育情况良好，宝宝的大便性状基本正常，就说明已经从食物中获取足够的营养了。

宝宝的消化系统尚未发育完善，辅食添加之后，大便情况会发生变化、变臭了、变硬了、呈现不同颜色、含有没消化的食物等，这些情况其实都非常常见。

大便变臭了——宝宝辅食添加以后，辅食当中可能含有更多的糖分和脂肪，所以大便气味较吃奶的宝宝会重一些。

大便变硬了——宝宝辅食添加以后，一方面，食物质地发生改变，大便质地也随之发生改变，另一方面，一些食物也容易导致大便干燥甚至便秘。

大便呈现不同颜色——辅食中有绿色蔬菜会使得大便呈现绿色，辅食中有牛肉等红肉类会使大便呈现红色，即使只是吃强化铁米粉也会使大便呈现绿色或者黑色。

大便里面含有没消化的食物——吃辅食的宝宝大便里面含有未消化（来不及消化）的食物其实很正常，如果辅食的摄入量过多来不及消化，或者辅食的质地偏粗不适合消化，大便中会出现未消化的食物。还有，宝宝刚刚开始萌牙还没有学会咀嚼，当辅食添加进入块状辅食阶段，因为食物没被充分咀嚼就吞咽下去，大便中也会出现未消化的食物。此外，进食之后胃肠道反射性蠕动增快，多次频繁进食，食物在胃肠道中停留的时间较短，有些食物没来得及充分消化就被排出了体外。

其实，孩子总是会经历一段"吃什么拉什么"的阶段，即使小婴儿吃最容易被消化的母乳，大便里面也会出现奶瓣（就是来不及消化的奶）。随着宝宝年龄的增长，消化能力的增强，这种情况会逐渐消失。如果3岁以后在大便中还是持续出现未消化的食物，几乎每种食物都能在大便中找到，并且体重没有增加或者反而减少，就需要就医检查了。

但是家长在给宝宝准备辅食的时候有以下4点需要特别注意：

（1）要注意合适的食物质地，由稀到稠，由细到粗，循序渐进，给予宝宝相适应的质地。

（2）注意恰当的食物搭配，保证营养均衡，同时兼顾色香味。

（3）注意合适的食物的量，保证热量营养的同时不要过量。

（4）注意去掉食物的皮，在进食红枣、西红柿等食物时，可以考虑去掉外皮。

辅食添加期宝宝吃得多拉得多怎么办？

宝宝吃得多拉得多，一吃就拉，家长可能也会担心宝宝无法获得足够的营养。其实，只要宝宝生长发育情况良好，宝宝的大便性状基本正常，就说明已经从食物中获取足够的营养了。

宝宝的消化系统尚未发育完善，辅食添加之后，大便情况会发生变化，即使大便性状基本正常，大便的量也可能发生变化。

关于吃得多拉得量也多。吃得越多，肠道蠕动加快，排便的次数就越多。吃得越多，食物残渣较多，大便的量也就越多。另外，在宝宝的辅食中，如果膳食纤维的含量比例过高，比如进食大量的粗粮，可被吸收的营养成分相对较少，而食物残渣会较多，大便的量也就更多了。

关于吃得多拉的次数也多，甚至一吃就拉。进食之后排便是很正常的排便反射，进食之后肠道蠕动增快，自然出现排便反射。这种情况在小婴儿吃奶阶段就很常见，小婴儿经常一边吃奶一边拉便便或者刚吃完奶就拉便便。这种排便反射在如厕训练之后逐渐受到控制。

因为每个人的消化、吸收、代谢等情况各不相同，相同月龄、性别、体重的宝宝的饮食数量、排便的量和次数等并不具有可比性，观察宝宝是否摄入了足够营养，主要观察宝宝的生长发育情况。简单说，无论宝宝的大便性状异常或是正常，如果宝宝的生长发育轨迹低于正常范围或者明显偏离辅食添加之前的情况，需要及时到儿童保健科就诊，请医生帮助排查可能存在的原因，重新指导宝宝的辅食添加。如果宝宝的生长发育轨迹在正常范围内，继续鼓励宝宝自主进食，想吃多少宝宝自己决定，不必太过担心。

辅食添加期宝宝光吃不长体重怎么办?

辅食添加之后,真的是几家欢喜几家忧,有的家长担忧孩子不吃辅食,有的家长担忧孩子辅食吃得太多……如果宝宝辅食吃得不错,但是身长体重不长,要理性看待,也要注意合理搭配辅食。

首先,宝宝的胃容量小,客观上需要能量和营养密度高的食物,奶类还是1岁以内宝宝的主要能量和营养来源。6~12月龄宝宝每天的奶量需要维持在600~800ml,满6月龄开始添加辅食,如果辅食添加过程顺利,宝宝每天的奶量慢慢从(不低于)800ml减到(不低于)600ml。因为宝宝的胃容量有限,辅食添加过程中,如果宝宝长期大量摄入汤、粗粮等相对能量和营养密度较低的食物,就容易导致宝宝热量营养摄入不足,从而影响宝宝的生长发育。

其次,宝宝的成长是动态的,评价宝宝的体格生长,不是只观察某周某月的某(几)个测量数据,看增加增长了多少,而是要观察整体的发展趋势(生长曲线),看是否按照一定的速度在发展。生长过程虽然是连续的,但并不是平稳均匀增长的,每个宝宝的生长过程都是一段时间快一段时间慢的。一年四季中不同季节的生长速率也有差异,有的宝宝冬季生长较缓慢,春季生长较迅速。有的时候身高和体重增长也未必完全同步,有时候身高长得较快而体重不怎么长(如春、夏季),有时候体重长得较快而身高不怎么长(如秋、冬季)。

需要提醒的是,疾病、萌牙、换季、环境改变、主要照看者改变等因素,也可能影响宝宝在某一段时间的生长和发育水平。

可以给宝宝吃市售的奶酪吗？如何选择？

奶酪可以分为原生奶酪和再制奶酪。原生奶酪也叫天然奶酪，是牛奶经过凝乳、发酵、排乳清、加盐、成熟等工艺制作而成的；再制奶酪是把天然奶酪融化之后，加上奶粉和糖分重新制作而成的。天然奶酪口感风味较重，再制奶酪口感风味清淡，后者宝宝容易接受。在购买再制奶酪需要详细察看成分表中奶酪的含量。

奶酪还可以分为硬奶酪和软奶酪。硬质奶酪是凝乳后又经过压制的，质地相对比较硬，成熟期较长的奶酪；软质奶酪是凝乳后没经过压制的，质地相对比较软，成熟期较短的奶酪。硬奶酪都有经过巴氏消毒，而软奶酪有的没有经过巴氏消毒。一般情况下，我们选择购买硬奶酪，如果购买软奶酪需要详看成分表中牛奶是否经过巴氏消毒。

奶酪是补钙的良好食材，虽然制作工艺中有加（钠）盐，但算不上高钠食物。因为奶酪制作工艺中加盐，所以在选购时，我们需要考察一下奶酪的"钙钠比值"，成分表中的含钙量除以成分表中的含钠量，比值越大说明摄入等量钠的同时摄入了更多的钙。

不推荐吃奶油奶酪，因为脂肪含量较高，而蛋白质和钙含量较少，有的奶油奶酪甚至不含钙。

天然奶酪在发酵的过程中，乳糖被一定程度分解，牛奶蛋白被部分水解，比起牛奶，不容易引起乳糖不耐和过敏，但仍含少量未水解的牛奶蛋白，如果发现牛奶蛋白过敏，还是要晚些再加。

第五节 咀嚼期（满11～12月龄）如何添加辅食

咀嚼期（满11～12月龄）宝宝的发育水平

满11月龄的身长

男孩：P_3～P_{97}身长70.2～78.9cm，P_{50}身长为74.5cm

女孩：P_3～P_{97}身长68.0～77.5cm，P_{50}身长为72.8cm

满11月龄的体重

男孩：P_3～P_{97}体重7.7～11.5kg，P_{50}体重为9.4kg

女孩：P_3～P_{97}体重7.0～11.0kg，P_{50}体重为8.7kg

满12月龄的身长

男孩：P_3～P_{97}身长71.3～80.2cm，P_{50}身长为75.7cm

女孩：P_3～P_{97}身长69.2～78.9cm，P_{50}身长为74.0cm

满12月龄的体重

男孩：P_3～P_{97}体重7.8～11.8kg，P_{50}体重为9.6kg

女孩：P_3～P_{97}体重7.1～11.3kg，P_{50}体重为8.9kg

满11～12月龄的牙齿

这个阶段宝宝通常已经萌出4～6颗牙齿了。与体格生长一样，乳牙的生长同样受到遗传因素的影响，每个宝宝乳牙萌出的时间、速度和顺序都不一样。有的宝宝早在3月龄就萌出了第一颗乳牙，有的宝宝直到12月龄才萌出第一颗乳牙，个别宝宝出生后就有诞生牙（区别于"马牙"），而个别宝宝12月龄后还迟迟未萌出一颗乳牙。如果18月龄左右仍是"没长牙的孩子"，建议查下甲状腺功能（具体请遵医嘱）。

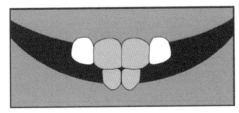

11月龄宝宝的牙齿

乳牙逐渐长出的时候，宝宝的牙龈可能感到不适，尤其是在长磨牙的时候。宝宝的牙龈可能出现青紫或红肿，偶尔还会有出血点，牙龈肿痛可能波及脸颊耳朵周围，宝宝可能会有揪耳朵、揉脸颊的小动作，可以给宝宝一些冰过的牙胶（磨牙器）按摩牙龈。

━● 咀嚼期（满11～12月龄）宝宝的营养需求

奶类还是1岁以内宝宝的主要能量和营养来源，每天母乳（和/或配方奶）与每天辅食的热量占比为60%～50%：40%～50%。

宝宝满11月龄时，以P_{50}体重的男孩为例，每天需要大约752kcal的能量，以P_{50}体重的女孩为例，每天需要大约696kcal的能量，每天奶量保持600ml左右（每天保持4次左右喂奶频次），以每天摄入大约600ml的母乳来计算，母乳大约可以提供390kcal的能量，即辅食需要额外提供310～360kcal能量。

宝宝满12月龄时，以P_{50}体重的男孩为例，每天需要大约900kcal的能量，以P_{50}体重的女孩为例，每天需要大约800kcal的能量，每天奶量保持600ml左右（每天保持4次左右喂奶频次），以每天摄入大约600ml的母乳来计算，母乳大约可以提供390kcal的能量，即辅食需要额外提供400～500kcal能量。

需要注意强化铁的补充。强化铁米粉、动物全血、动物肝脏、禽畜肉类等含铁丰富，新鲜的蔬菜和水果富含维生素C，有助于铁的吸收。

━● 咀嚼期（满11～12月龄）宝宝的消化能力

这个时期，口腔处理食物的方式主要是牙齿咀嚼，食物通常需要制成质地软烂的小块，稠度参考软饭向成人食物过渡。经过辅食添加的前几个月，宝宝的辅食种类也逐渐变得丰富起来，到了本阶段，很多食材可以搭配制作。

咀嚼期（满11～12月龄）宝宝的一日作息参考

咀嚼期（满11～12月龄）宝宝的一日作息参考

时间	宝宝	主要带养人（妈妈）
7:30—8:00	吃奶	
8:00—9:30	散步、买菜	
9:30—10:00	先吃辅食后吃奶	
10:00—10:30	游戏活动	
10:30—12:00	小睡	备餐和午餐
12:00—12:30	辅食	
12:30—14:30	游戏活动	
14:30—15:00	吃奶	
15:00—16:00	小睡	家务
16:00—17:00	散步、游戏活动	
17:00—17:30	辅食	
17:30—18:00	游戏活动	
18:00—19:30	其他家庭成员时间（爸爸时间）	备餐和晚餐
19:30—20:00	吃奶	
20:00—20:30	睡前程序	
20:30—次日7:30	睡觉、夜奶	个人时间、睡觉

注 不同的婴儿和家庭有自己的生活作息规律，此表仅作为参考，可以根据实际情况酌情调整。

咀嚼期（满11～12月龄）宝宝的一周饮食举例

咀嚼期（满11～12月龄）宝宝的一周饮食举例

时间	7:30—8:00 吃奶	9:30—10:00 辅食+奶制品	12:00—12:30 辅食	14:30—15:00 吃奶	17:00—17:30 辅食	19:30—20:00 吃奶	20:30—次日7:30 睡觉、夜奶
周一	母乳或配方奶约200ml	强化铁营养米粉（干重20g）+苹果磨牙棒（低筋面粉10g、鸡蛋液10g、苹果肉5g）+奶酪（干5g）	菠菜鸭肝拌面（中筋面粉25g、鸭肝20g、菠菜10g、亚麻籽油1g、水适量）+三鲜汤（香菇10g、虾仁10g、去皮黄瓜5g、芝麻油1g、水适量）+水果（15g）	母乳或配方奶约200ml	彩色春卷（鸡蛋液15g、中筋面粉15g、去皮胡萝卜10g、卷心菜10g、水10g）+南瓜浓汤（去皮南瓜15g、牛肉15g、中筋面粉5g、奶酪5g、水适量）+水果（15g）	母乳或配方奶约200ml	可有若干次夜奶
周二	母乳或配方奶约200ml	强化铁营养米粉（干重20g）+香蕉可丽饼（低筋面粉10g、鸡蛋液10g、去皮香蕉5g、水适量）+奶酪（干5g）	南瓜牛肉蒸面（中筋面粉25g、牛肉20g、去皮南瓜10g、亚麻籽油1g、水适量）+丝瓜鱼茸羹（去皮丝瓜10g、鳕鱼10g、芝麻油1g、水适量）+水果（15g）	母乳或配方奶约200ml	肉末肠粉（猪肉15g、鸡蛋液15g、大米粉8g、小麦淀粉5g、玉米淀粉2g、温水30ml）+彩蔬豆花（豆花15g、去皮胡萝卜10g、西兰花10g、黄甜椒5g、去皮红番茄5g、内脂3g、水适量）+水果（15g）	母乳或配方奶约200ml	可有若干次夜奶
周三	母乳或配方奶约200ml	强化铁营养米粉（干重20g）+西瓜西米露（西瓜肉25g、西米5g、水适量）+奶酪（干5g）	胡萝卜牛腩烩面（中筋面粉25g、牛肉25g、去皮胡萝卜10g、亚麻籽油1g、水适量）+秋葵炖蛋（鸡蛋液25g、秋葵5g、芝麻油1g、水适量）+水果（15g）	母乳或配方奶约200ml	红枣窝窝头（玉米面粉10g、中筋面粉5g、去核红枣5g、水适量）+彩蔬鸭血羹（鸭血25g、去皮胡萝卜10g、西兰花10g、黄甜椒5g、去皮红番茄5g、芝麻油1g、水适量、淀粉适量）+水果（15g）	母乳或配方奶约200ml	可有若干次夜奶

咀嚼期（满11~12月龄）宝宝的一周饮食举例

时间	7:30—8:00 吃奶	9:30—10:00 辅食+奶制品	12:00—12:30 辅食	14:30—15:00 吃奶	17:00—17:30 辅食	19:30—20:00 吃奶	20:30—次日7:30 睡觉、夜奶
周四	母乳或配方奶约200ml	强化铁营养米粉（干重20g）+牛油果蛋卷（鸡蛋液10g、低筋面粉10g、牛油果5g、水适量）+奶酪（干5g）	五彩焖饭（大米25g、猪肉10g、去皮胡萝卜10g、西兰花10g、黄甜椒5g、去皮红番茄5g、亚麻籽油1g、水120ml）+白菜肉丝汤（牛肉20g、白菜10g、芝麻油1g、水适量）+水果（15g）	母乳或配方奶约200ml	日式厚蛋烧（鸡蛋液25g、油菜5g、水适量）+土豆浓汤（去皮土豆15g、牛肉15g、中筋面粉5g、奶酪5g、水适量）+水果（15g）	母乳或配方奶约200ml	可有若干次夜奶
周五	母乳或配方奶约200ml	强化铁营养米粉（干重20g）+香橙小蛋糕（鸡蛋液15g、低筋面粉10g、橙子肉5g、水适量）+奶酪（干5g）	山药猪肝烩饭（大米25g、猪肝20g、去皮山药10g、亚麻籽油1g、水适量）+油菜豆腐汤（油菜10g、豆腐10g、芝麻油1g、水适量）+水果（15g）	母乳或配方奶约200ml	土豆虾球（去皮土豆15g、牛肉15g、中筋面粉5g、奶酪5g、水适量）+蘑菇浓汤（蘑菇15g、牛肉15g、中筋面粉5g、奶酪5g、水适量）+水果（15g）	母乳或配方奶约200ml	可有若干次夜奶
周六	母乳或配方奶约200ml	强化铁营养米粉（干重20g）+百合炖梨（去皮梨肉25g、鲜百合5g、水适量）+奶酪（干5g）	宫保鸡丁炒饭（大米25g、鸡蛋液15g、去皮黄瓜10g、鸡胸肉10g、亚麻籽油1g、水60ml）+罗宋汤（去皮红番茄10g、去皮土豆10g、芝麻油1g、水适量）+水果（15g）	母乳或配方奶约200ml	鲈鱼饼（鲈鱼20g、中筋面粉15g、油菜10g、水适量）+西兰花浓汤（牛肉20g、西兰花10g、中筋面粉5g、奶酪5g、水适量）+水果（15g）	母乳或配方奶约200ml	可有若干次夜奶
周日	母乳或配方奶约200ml	强化铁营养米粉（干重20g）+草莓玛芬（鸡蛋液15g、低筋面粉10g、草莓肉5g、水适量）+奶酪（干5g）	甜椒肉丁焗面（中筋面粉25g、甜椒10g、猪肉10g、奶酪5g、亚麻籽油1g、水适量）+冬瓜丸子汤（去皮冬瓜10g、牛肉丸子20g、水适量）+水果（15g）	母乳或配方奶约200ml	枣泥山药糕（红枣10g、去皮山药5g、低筋面粉5g）+彩蔬鸭血羹（鸭血25g、去皮胡萝卜10g、西兰花10g、黄甜椒5g、去皮红番茄5g、芝麻油1g、水适量、水淀粉适量）+水果（15g）	母乳或配方奶约200ml	可有若干次夜奶

注 不同的婴儿和家庭有自己的饮食规律，此表仅作为参考，可以根据实际情况酌情调整。

咀嚼期（满11～12月龄）宝宝常见辅食的制备

咀嚼期（满11～12月龄）宝宝常见辅食的制备	
软饭	大米洗净，1杯大米加3杯水的比例入锅煮软饭
叶菜	叶菜洗净，入锅焯熟，切成10mm左右小片
瓜菜	瓜菜洗净，去皮，切块，入锅蒸或煮软，切成10mm左右小块
水果	水果洗净，去皮，切成10mm左右小块
白肉鱼	将鱼洗净，入锅蒸熟，去皮，除刺，切成10mm左右小块
河虾肉	将虾洗净，去头，剥壳，除虾线，入锅白灼，切成10mm左右小块
牛瘦肉	牛肉选择瘦肉，洗净，切块，入锅焯水，煮软，切成10mm左右小块
鸡瘦肉	鸡肉选择瘦肉，洗净，切块，入锅焯水，煮软，切成10mm左右小块
猪瘦肉	猪肉选择瘦肉，洗净，切块，入锅焯水，煮软，切成10mm左右小块
鸭肝	选择优质鸭肝，洗净，入锅焯水，煮熟，切成10mm左右小块
鸭血	选择优质鸭血，洗净，切块，入锅焯水，煮熟，切成10mm左右小块
豆腐	豆腐洗净，切块，入锅焯水，煮熟，切成10mm左右小块
鸡蛋	鸡蛋洗净，入锅煮熟，去壳，切成10mm左右小块，或者整个鸡蛋打散后蒸鸡蛋羹

注 水果经过蒸煮之后制作可以避免一些宝宝发生口周过敏，但会损失部分营养。
此表仅作为参考，可以根据实际情况酌情调整。

儿科医生妈妈就咀嚼期的常见问题答疑

 宝宝还没长牙可以开始吃块状食物吗?

 是否萌出牙齿并不影响咀嚼能力,但是特别坚韧的食物还是需要等长足够多的牙齿之后再做尝试。

乳牙的生长受到遗传因素的影响,每个孩子乳牙萌出的时间、速度和顺序都不一样。有的孩子早在3月龄就萌出了第一颗乳牙,有的孩子直到12月龄才萌出第一颗乳牙,而个别的孩子12月龄后还迟迟未萌出一颗乳牙。完整萌出第一颗乳牙的时间通常是在6~9月龄。尽管有的宝宝在3月龄时就会露出小牙尖,但完整萌出一般都在6月龄左右(以后)。如果18月龄左右仍是"没长牙的孩子",建议查下甲状腺功能(具体请遵医嘱)。

其实,即使没有萌出牙齿,只用牙龈,孩子都能"咀嚼"得很好。牙龈已经足够坚硬可以碾碎一些食物,而且,咀嚼也是需要慢慢学习锻炼的。

如果食物还没有被充分咀嚼碾碎,就匆匆尝试吞咽,会激发人体的呕吐反射。如果孩子因为没有充分咀嚼食物导致恶心干呕,甚至把食物吐了出来,家长此时不要表现得太过紧张,否则容易给孩子传递一种负面情绪,也不要因此放弃给孩子吃固体食物,因为过度保护并不利于孩子学会自主进食。

辅食添加以后宝宝经常便秘该怎么办?

引起婴幼儿便秘的原因有很多,概括起来主要可分为两大类:一类为肠管肛门器质性病变、肠管功能紊乱引起的便秘,通常须由外科手术矫治;一类属食物性、习惯性便秘。绝大多数的婴幼儿便秘都由后者引起。

食物过于精细、摄入膳食纤维不足是常见原因之一,另外,发热、脱水、食物结构改变、食物摄入不足、生活不规律排便习惯未养成、环境改变导致生活习惯突然改变、长期抑制便意、特殊药物影响等都是引起便秘的原因。

如果因为食物过于精细引起便秘，想要增加膳食纤维促进排便，香蕉和红薯并不是最佳食材。香蕉的膳食纤维含量其实并不算高，未成熟的香蕉含有较多的鞣酸，反而会引起便秘。红薯的膳食纤维含量虽高，但是一种高淀粉的食物（南瓜、土豆、山药这些也是），多吃反而引起便秘。可以试试杂豆、西梅、火龙果、梨子、西兰花等食物，除此之外还要让孩子多运动，多喝水，生活规律，按时排便。

注：膳食纤维是食物中不能被人体消化吸收和利用的多糖类物质，被誉为人类的第7大营养素，主要功能包括促进肠道蠕动、增加排便、改善便秘等。但是摄入过多的膳食纤维也不利于健康，婴幼儿大量摄入膳食纤维，降低蛋白质的消化吸收率，可能影响钙、铁、锌等元素的吸收，还可能导致低血糖反应。

要给宝宝吃点粗粮吗？吃多少才合适呢？

很多家长都知道吃粗粮对身体健康是极有好处的。那么，也要给宝宝吃粗粮吗？吃多少合适呢？

纤维素在抗炎、控制体重、控制血糖、控制血压等方面起到重要的作用，有助于降低便秘、肥胖、结肠癌、冠心病和肠易激综合征等发生率。

美国农业部膳食健康指南顾问委员会（2010年版《美国居民膳食指南》）建议成年女性和成年男性每天纤维素的摄入推荐量为25g/d和38g/d。

美国健康基金会建议2周岁以上儿童每天纤维素的摄入推荐量是（年龄+5）g/d。但是对于1周岁以前还没有确定的摄入推荐量。

目前普遍建议是6～12月龄的婴儿，在辅食添加时逐渐添加蔬果全谷物等，到1周岁时纤维素的摄入量能够到达5g/d（大约等于一个半中等大小的水果所含的纤维素的量）。

辅食添加以后，有些孩子的体重反而增加得很缓慢，因为家长给孩子的辅食非常单一，甚至常常不是红薯就是南瓜（而且这两种食物中含有丰富的类胡萝卜素，大量摄入可能发生"高胡萝卜素血症"）。虽说粗粮有益身体健康，但如果宝宝刚刚开始添加辅食，粗粮摄入应该控制在每周1~2次，每次适量为好。

家长们给宝宝添加粗粮的目的是增加纤维素，这个出发点是很好的。但是要知道，对于婴儿来说，相对精细的谷类和新鲜蔬果已经能够提供不少的纤维素了，而单位体积的粗粮所能提供的热量较少，吃多了还可能影响奶量摄入，热量摄入不足影响婴儿成长。另外，在食物较为单一的情况下，高纤维饮食可能影响其他营养物质如矿物质元素的吸收和代谢，这也不利于婴儿成长。

顺便说，在辅食添加的最初几个月中，宝宝也许还不能很好地适应新食物（食物的变化），体重增加可能变得缓慢，若能顺利度过辅食添加的最初阶段，生长曲线很快还是会回到（接近）之前的水平。

 宝宝胃口差、过敏、便秘要补充益生菌吗?

近年来，益生菌制剂几乎成了有病治病、无病健身的神药，有部分专家认为益生菌需要长期定量补充。排除部分商业因素驱动，是否需要长期定量补充益生菌还有待确切证据。

联合国粮农组织（FAO）和世界卫生组织（WHO）将益生菌定义为：一定数量摄入能够对人体健康产生益处的活的微生物。

其实，益生菌不是某个菌株的名字，而是一个庞大家族的统称，有很多菌株组成。益生菌制剂不是万能药，应该在需要的时候定性定量补充。

人体本身可以自行制造益生菌，有自行调节菌群平衡的能力，需要使用益生菌的情况主要有两种：一种是长期使用抗生素的人，因为抗生素杀死致病菌的同时也杀死了人体有益菌群，所以需要通过额外补充重新快速建立人体微生态屏障；一种是严重（长期）腹泻的人，因为腹泻导致肠道内的益生菌大量丢失，所以需要通过额外补充重新快速建立肠道菌群平衡。比如，便秘、腹泻都可能是肠道菌群失衡，但不是千人一面的，所以最好可以针对菌株进行补充。

而益生菌株在达到适合他们生存的结肠之前，先后需要经历胃（酸性环境）和小肠（碱性环境）的消化液和消化酶的考验，所以还要关注菌株的活性和数量……另外，益生菌可能在普通人群显现更多益处，但对于一些免疫功能低下人群比如婴幼儿、老人、病人等，还可能存在感染的风险。

 宝宝生病期间的辅食添加要注意哪些?

宝宝发生疾病或者天气酷热的时候，可以放慢添加新的辅食的品种。生长发育中的孩子需要营养丰富的食物，抵抗疾病时的机体更需要营养丰富的食物，然而，疾病期间消化系统的功能多少会受到一些影响。一边是身体需要更多营养丰富的食物，一边是孩子根本吃不下东西，这对矛盾确实会令无数家长心急如焚。

无论是发热、腹泻、呕吐，还是咳嗽、流涕……疾病期间，孩子的消化系统功能减弱，饮食上要给予孩子容易接受的易消化的营养食物，优先考虑流质和半流质食物，优先考虑能预防脱水的食物，优先考虑宝宝喜欢的营养食物。少食多餐，不强迫进食，但还是需要家长更多耐心细致，鼓励宝宝继续进食。

无论是孩子或是成人，在疾病期间，比起普通食物一般都更偏爱流质。母乳喂养的孩子要坚持母乳喂养，辅食添加阶段的宝宝除了增加喝奶，还可以适当增加白开水和粥等的摄入，大一些的孩子除了以上这些，还可以适当增加清淡的汤羹等摄入。

因为生病导致食欲下降时，尤其要尊重孩子的胃口。放弃给孩子吃你认为有营养而他不愿意吃的食物，即使孩子只愿意喝一些奶吃一点香蕉也未尝不可。

　　另外对于刚刚开始添加辅食的孩子来说，疾病期间消化系统功能减弱，机体也可能正处于高致敏状态，此时新的食物容易引发过敏等疾病，因此辅食添加阶段的孩子生病时，暂时要停止添加新的辅食。疾病期间机体处于高致敏状态下，之前不过敏的食物也可能发生过敏，家长需要留心观察一下，但这并不代表着疾病的时候需要特别忌口。

Q 可以选择儿童酱油给宝宝辅食调味吗？

　　A　"儿童酱油"是近年特别热门的酱油"种类"，虽然广告宣传中说，比普通酱油含钠更低，不含防腐剂，富含蛋白质、多肽、氨基酸……然而，事实上，绝大多数"儿童酱油"与普通酱油基本无异。

　　首先，酱油作为调味剂，日常的用量很少，用酱油来补充人体所需营养素并不现实。其次，高钠会有一定的防腐效果，低钠常常意味着可能需要更多防腐剂提高防腐效果（这些防腐剂少量添加对人体是安全的）。再次，有些"儿童酱油"含钠甚至比普通酱油还高，普通酱油含钠为6%左右，购买时可以查看一下产品标签。最后，即使"儿童酱油"含钠确实比普通酱油低，如果为了追求"风味"而增加了"儿童酱油"的用量，实际上钠盐摄入依然不会有所减少。其实食物本身就含有钠，孩子不会缺钠，如果通过调味品来增加孩子食欲，孩子会日渐对调味品产生依赖，口味越来越重，高血压、肥胖等慢性疾病的风险也就越高。

在哪里找到视频，怎么使用视频？

打开您的手机微信，点击右上方的"扫一扫"，对准上面的二维码扫描，即可跳转到"辅食视频"系列页面。

您可以看到五个分类项目，分别为：泥糊制作、主食奶蛋、蔬菜水果、水产肉类、菌藻豆腐。

泥糊制作，适合最初开始辅食添加的阶段，分别介绍了叶菜（菠菜）、瓜菜（南瓜）、水果（苹果）、禽畜肉（牛肉）、动物全血（鸭血）、动物肝脏（鸭肝）、鱼肉（鳕鱼）、蛋黄、豆腐的泥糊制作过程。

叶菜泥和瓜菜泥有"适当滤渣"这一步。有家长认为往"糊"里加水稀释就是"泥"，其实从"糊"到"泥"是滤除一些长的纤维，如果碾磨得足够细腻也完全可以不用滤渣。除了叶菜、瓜菜之外，大部分的水果以及各种肉类都是可以碾磨得足够细腻的。

泥类制作方法具体参见本书第42页，吞咽期（满6月龄）宝宝常见辅食的制作。

糊类制作方法具体参见本书第52页，蠕嚼期（满7～8月龄）宝宝常见辅食的制作。

主食奶蛋、蔬菜水果、水产肉类、菌藻豆腐：分别集合了相对应食材的菜谱视频，还特别为您分析了孩子不爱吃这类食材的可能原因，并给出了相应的解决办法，大家可以根据宝宝的具体情况尝试。

若您观看完菜谱视频，有任何疑问或者建议，可以在视频最末点击右下"写留言"给我，我会尽快回复您。

第二章
让宝宝爱上吃的辅食添加攻略

  本章举例了常见的食材和菜谱。根据6~12月龄孩子的发育水平、营养需求、消化能力等特点，设计了不同月龄/阶段的菜谱和制作方法。本章每个菜谱的质地和分量与第一章中每一节的"一月/一周饮食举例"是一一对应的，是按照该月龄/阶段P_{50}体重的孩子来设计的。

  P_{50}并不是一个"标准值""正常值"，其实是个放在统计学上才有意义的"平均值"，表示有50%（的孩子）高于这个平均值，还有50%（的孩子）低于这个平均值。大多数健康的孩子生长发育处于P_{50}的附近，在P_3~P_{97}之间都是正常范围。

  不同月龄、不同体重的孩子，发育水平、营养需求、消化能力各不相同，即使同一月龄、同一体重的孩子，发育水平、营养需求、消化能力也各不一样。

  理论上，处于某个月龄/阶段P_{50}体重的孩子，照着该月龄/阶段的"一月/一周饮食举例"吃，可以基本满足他生长发育所需的能量和营养，如果孩子运动少或者吸收好可能所需会略微低于上述标准，如果孩子运动多或者吸收差可能所需会略微高于上述标准。

  理论上，高于P_{50}体重的孩子要满足他生长发育所需的能量和营养会略微高于P_{50}体重孩子的，而低于P_{50}体重的孩子要满足他生长发育所需的能量和营养会略微低于P_{50}体重孩子的，但低于P_{50}体重的孩子为了追赶生长可能所需会略微高于上述标准。

  文图中的质地和分量可做参考，具体还是根据宝宝实际情况酌情调整。

  另，如果宝宝餐和大人餐一起制作，可以按菜谱等比例增加食材，制作成品之后，取出宝宝的量。我提倡宝宝餐和大人餐一起制作，这样宝宝吃得更加安心，大人吃得更加健康。

第一节 常见食材的辅食添加攻略

稻米 Rice

大米富含碳水化合物、B族维生素、膳食纤维、矿物质等营养素。在各种谷物中大米的淀粉颗粒最小，因此口感细腻易被消化，相比其他谷物更加适合宝宝的胃肠道。大米的脂肪含量很低，蛋白质含量也较低，因此代谢废物很少，给人体提供能量的同时，给人体造成的负担比较小。

粳米和籼米是稻米的不同类型。籼米就是长粒米，如泰国米、丝苗米；粳米就是短粒米，如东北米、珍珠米。籼米相对来说血糖指数略低。籼米和粳米，因加工精度不同，分糙米和精米。因淀粉类型不同，分糯米和非糯米。

稻米的营养成分			
成分	含量	成分	含量
食部/%	100	尼克酸/mg	1.9
水分/g	13.3	维生素C/mg	—
能量/kcal	347	维生素E/mg	0.46
蛋白质/g	7.4	钙/mg	13
脂肪/g	0.8	磷/mg	110
碳水化合物/g	77.9	钾/mg	103
不溶性纤维/g	0.7	钠/mg	3.8
胆固醇/mg	—	镁/mg	34
灰分/g	0.6	铁/mg	2.3
总维生素A/μgRE	—	锌/mg	1.7
胡萝卜素/μg	—	硒/μg	2.23
视黄醇/μg	—	铜/mg	0.3
硫胺素（维生素B_1）/mg	0.11	锰/mg	1.29
核黄素（维生素B_2）/mg	0.05		

以上数据整理自《中国食物成分表》2009版第一册，2004版第二册。

二米粥

适合月龄：满 6 月 +

难度：

时间：20 分钟

细嚼期（满 9 ~ 10 月龄）P_{50} 体重孩子的配餐之一，图中质地和分量可做参考，可以根据宝宝的实际情况酌情调整。

◎ 食材准备

吞咽期十倍粥（推荐比例）：大米 10g、小米 10g、水 200ml

蠕嚼期五倍粥（推荐比例）：大米 10g、小米 10g、水 100ml

细嚼期四倍粥（推荐比例）：大米 10g、小米 10g、水 80ml

咀嚼期软饭（推荐比例）：大米 10g、小米 10g、水 40ml

◎ 制作步骤

1. 将大米和小米淘洗干净，大米、小米和水根据上述比例一同倒入炖锅中。
2. 大火煮沸之后转成小火慢煮。
3. 米粥煮软之后，关火继续焖 10 分钟。
4. 取适合宝宝的量。

儿科医生妈妈贴士

1. 小米中一些维生素和矿物质的含量高于大米，二米粥，融合了大米和小米的营养。
2. 辅食添加以后，当宝宝逐渐适应了大米粥，就可以尝试加入小米。
3. 煮粥的水最好一次加足，中途加水会影响粥的黏稠度和口感。
4. 锅上搁双筷子可以避免米汤溢出，中途适当搅拌可以避免米粥粘锅。

蔬菜粥

⚘ 适合月龄：满 6 月 +

🍳 难度：🎩🎩

⏱ 时间：20 分钟

细嚼期（满 9 ~ 10 月龄）P$_{50}$ 体重孩子的配餐之一，图中质地和分量可做参考，可以根据宝宝的实际情况酌情调整。

◎ 食材准备

细嚼期四倍粥（推荐比例）：大米 10g、菠菜 10g、水 60ml

咀嚼期软饭（推荐比例）：大米 10g、菠菜 10g、水 40ml

◎ 制作步骤

1. 将大米淘洗干净，大米和水根据上述比例一同倒入炖锅中。
2. 大火煮沸之后转成小火慢煮。
3. 菠菜洗净，置于另一锅中，焯水，捞出，切段，细嚼期切成 5mm 左右小段 / 咀嚼期切成 10mm 左右小段。
4. 米粥煮软之后，将备好的菠菜放入锅内，再次煮沸即可。
5. 取适合宝宝的量。

儿科医生妈妈贴士

1. 草酸、植酸会降低钙、铁、锌等元素的吸收率，菠菜等在烹饪前可以进行焯水处理，除去较多的草酸、植酸。
2. 对于婴儿来说，相对精细的谷类和新鲜蔬果已经能够提供不少的纤维素了。
3. 除了菠菜之外，可以加入其他蔬菜或者食材，注意不同月龄 / 阶段切成合适大小、做成合适质地，便于宝宝进食。

南瓜米糕

适合月龄：满 9 月 +

难度：担担担

时间：20 分钟

细嚼期（满 9 ~ 10 月龄）P₅₀ 体重孩子的配餐之一，图中质地和分量可做参考，可以根据宝宝的实际情况酌情调整。

◎ 食材准备

细嚼期（推荐比例）：大米粉 20g、去皮南瓜 10g、水适量

◎ 制作步骤

1. 去皮南瓜洗净，锅内放入适量水，煮沸后放入南瓜煮烂，捞出，压成糊状。
2. 将南瓜糊和大米粉倒入大碗，用手动打蛋器搅拌均匀成半流质（像酸奶质地可缓缓滴落）的米糊（如果太干可以适量加水）。
3. 将混合米糊倒入模具，8 分满即可。
4. 蒸锅内放水烧开，将模具放入蒸锅，中小火蒸 10 分钟左右，关火之后继续焖 2 分钟。
5. 取适合宝宝的量。

儿科医生妈妈贴士

1. 米糕是很适合宝宝的手指食物。
2. 模具内可以刷点油或者使用烘焙纸可以方便脱模。
3. 关火之后继续焖 2 分钟可令形状不会回弹。
4. 如果一次没有吃完，剩下的可以 -18℃冷冻保存，要吃之前拿出来蒸一下就好。

肉末肠粉

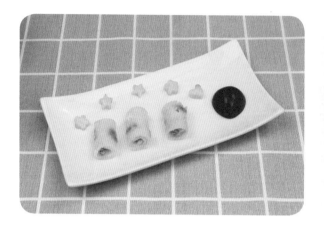

👕 适合月龄：满 11 月 +

👨‍🍳 难度：祝祝祝祝

🕐 时间：15 分钟

咀嚼期（满 11 ~ 12 月龄）P_{50} 体重孩子的配餐之一，图中质地和分量可做参考，可以根据宝宝的实际情况酌情调整。

◎ 食材准备

咀嚼期（推荐比例）：猪肉15g、鸡蛋液15g、大米粉8g、小麦淀粉5g、玉米淀粉2g、温水30ml

◎ 制作步骤

1. 猪肉洗净切碎。
2. 将大米粉、小麦淀粉、玉米淀粉一起倒入大碗，用温水搅拌成米汤样。
3. 在不锈钢盘上刷点油，舀一勺面糊摊匀，撒上肉末，倒上鸡蛋液。
4. 蒸锅内放水烧开，将不锈钢盘放入蒸锅，大火蒸 2 分钟左右（当表面起大泡就表示熟了）。
5. 取出不锈钢盘，用刮板将肠粉卷起。
6. 取适合宝宝的量。

儿科医生妈妈贴士

1. 大米粉、小麦淀粉、玉米淀粉需要按照比例才会成功。
2. 肠粉加上肉末、菜末，口感更加丰富，营养更加全面。

五彩焖饭

👕 适合月龄：满 11 月 +

👨‍🍳 难度：~~恨恨~~

⏱ 时间：30 分钟

咀嚼期（满 11 ~ 12 月龄）P₅₀ 体
重孩子的配餐之一，图中质地和
分量可做参考，可以根据宝宝的
实际情况酌情调整。

◎ 食材准备

咀嚼期（推荐比例）：大米 25g、猪肉 10g、去皮胡萝卜 10g、西兰花 10g、黄甜椒 5g、
去皮红番茄 5g、亚麻籽油 1g、水 120ml

◎ 制作步骤

1. 去皮胡萝卜、西兰花、黄甜椒、去皮红番茄、猪肉洗净，焯水，捞出，分别切块，
   咀嚼期切成 10mm 左右小块。
2. 将大米淘洗干净，然后将大米、蔬菜丁、猪肉丁、亚麻籽油和水一同倒入电饭锅中。
3. 按下煮饭键煮熟之后，继续焖 5 分钟。
4. 取适合宝宝的量。

儿科医生妈妈贴士

1. 蔬菜先洗后切可以较好保留食物的营养价值。
2. 黄甜椒和西兰花焖得太久颜色会变，为了保持色泽鲜艳，也可以在米饭快要焖熟的时
   候再放入。

山药猪肝烩饭

🎽 适合月龄：满 11 月 +

👨‍🍳 难度：👨‍🍳👨‍🍳👨‍🍳

🕐 时间：15 分钟

咀嚼期（满 11 ~ 12 月龄）P$_{50}$ 体重孩子的配餐之一，图中质地和分量可做参考，可以根据宝宝的实际情况酌情调整。

◎ 食材准备

咀嚼期（推荐比例）：大米 25g、猪肝 20g、去皮山药 10g、亚麻籽油 1g、水适量

◎ 制作步骤

1. 将大米淘洗干净，然后和适量水一同倒入炖锅中，大火煮沸之后小火煮熟，关火继续焖 5 分钟，装盘备用。

2. 去皮山药、猪肝洗净，焯水，捞出，分别切块，细嚼期切成 5mm 左右碎块 / 咀嚼期切成 10mm 左右小块。

3. 炒锅热锅后倒入亚麻籽油，先放入猪肝翻炒变色，然后将去皮山药放入一起翻炒至熟。

4. 倒入适量水，水开之后倒入蒸好的米饭翻炒，煮至收汁即可。

5. 取适合宝宝的量。

儿科医生妈妈贴士

1. 热锅冷油炒菜更加健康，高温油不但会破坏食物的营养，还会产生过氧化物和致癌物质。

2. 山药去皮之后可以放入水中避免氧化。

3. 烩饭就是巴渝人常说的"懒饭"，集众味于一锅，比起只有单独一种饭或菜，口感更加丰富，营养更加全面。

宫保鸡丁炒饭（改良版）

适合月龄：满 11 月 +

难度：🍳🍳🍳

时间：15 分钟

咀嚼期（满 11 ~ 12 月龄）P$_{50}$ 体重孩子的配餐之一，图中质地和分量可做参考，可以根据宝宝的实际情况酌情调整。

◎ 食材准备

咀嚼期（推荐比例）：大米 25g、鸡蛋液 15g、去皮黄瓜 10g、鸡胸肉 10g、亚麻籽油 1g、水 60ml

◎ 制作步骤

1. 将去皮黄瓜、鸡胸肉洗净，焯水，捞出，切块，咀嚼期切成 10mm 左右小块。
2. 将大米淘洗干净，然后和适量水一同倒入炖锅中，大火煮沸之后小火煮熟，关火继续焖 5 分钟，装盘备用。
3. 炒锅热锅后倒入亚麻籽油，先放入鸡胸肉翻炒至变色，然后放入黄瓜一起翻炒片刻。
4. 然后倒入米饭翻炒均匀，最后倒入鸡蛋液翻炒均匀，待鸡蛋液凝固即可出锅。
5. 取适合宝宝的量。

儿科医生妈妈贴士

1. 可以将鸡蛋液先炒熟后再和米饭一起翻炒。
2. 可以在煮饭时加入一些杂粮或者杂豆，也可以在炒饭时加入甜豌豆、甜玉米等食材，提高纤维含量，令炒饭咀嚼性更强，促进宝宝肠胃蠕动。

小麦粉（标准粉） *Wheat flour*

面粉富含碳水化合物、蛋白质、B族维生素、膳食纤维和矿物质等营养素。面粉中蛋白质的含量和膳食纤维的含量要比大米（精白米）略高一点。按照面粉当中蛋白质含量的多少，可以分为高筋面粉、中筋面粉、低筋面粉。高筋面粉适合制作面包和部分起酥点心，中筋面粉适合制作包子、馒头、面条等，低筋面粉适合制作蛋糕、松糕、饼干、挞皮等。

小麦粉（标准粉）的营养成分			
成分	含量	成分	含量
食部/%	100	尼克酸/mg	1.8
水分/g	12.7	维生素C/mg	—
能量/kcal	349	维生素E/mg	1.8
蛋白质/g	11.2	钙/mg	31
脂肪/g	1.5	磷/mg	188
碳水化合物/g	73.6	钾/mg	190
不溶性纤维/g	2.1	钠/mg	3.1
胆固醇/mg	—	镁/mg	50
灰分/g	1	铁/mg	3.5
总维生素A/μgRE	—	锌/mg	1.64
胡萝卜素/μg	—	硒/μg	5.36
视黄醇/μg	—	铜/mg	0.42
硫胺素（维生素B_1）/mg	0.28	锰/mg	1.56
核黄素（维生素B_2）/mg	0.08		

以上数据整理自《中国食物成分表》2009版第一册，2004版第二册。

烂面片

适合月龄：满 9 月 +

难度：très très

时间：30 分钟

细嚼期（满 9 ~ 10 月龄）P_{50} 体重孩子的配餐之一，图中质地和分量可做参考，可以根据宝宝的实际情况酌情调整。

◎ 食材准备

细嚼期（推荐比例）：中筋面粉 20g、西兰花 10g、水适量

◎ 制作步骤

1. 将水慢慢倒入中筋面粉当中，用筷子搅拌成面絮，再用手揉成面团，做到三光: 面光、盆光、手光（指面团不粘手），面团用布盖好醒 10 分钟。
2. 用擀面杖将面团擀成 5mm 左右厚度的大面片，然后用模具拓出小面片。
3. 西兰花洗净，焯水，捞出，切块，细嚼期切成 5mm 左右碎块 / 咀嚼期切成 10mm 左右小块。
4. 锅内放适量水，煮沸之后放入面片，煮至变透明，然后放入备好的西兰花，再次煮沸即可。
5. 取适合宝宝的量。

儿科医生妈妈贴士

1. 可以用果泥和菜泥和面制成彩色面片，可以添加适量鸡蛋做成鸡蛋片，也可以添加适量粗粮粉做成杂粮片。
2. 面片一次没吃完的部分，可以用保鲜袋密封，标注好时间、重量，冷冻保存。
3. 如果剩下的量很多，可以晾晒成面片干，用密封袋密封，标注好时间、重量，常温保存。

烂面条

适合月龄：满 9 月 +

难度：

时间：30 分钟

细嚼期（满 9 ~ 10 月龄）P$_{50}$ 体重孩子的配餐之一，图中质地和分量可做参考，可以根据宝宝的实际情况酌情调整。

◎ 食材准备

细嚼期（推荐比例）：中筋面粉 20g、西兰花 10g、水适量

◎ 制作步骤

1. 将水慢慢倒入中筋面粉当中，用筷子搅拌成面絮，再用手揉成面团，做到三光：面光、盆光、手光（指面团不粘手），面团用布盖好醒 10 分钟。

2. 用擀面杖将面团擀成 5mm 左右厚度的大面片，然后用刀切成 5mm 左右宽度的面条，细嚼期切成 10mm 左右小段 / 咀嚼期切成 30mm 左右小段。

3. 西兰花洗净，焯水，捞出，切块，细嚼期切成 5mm 左右碎块 / 咀嚼期切成 10mm 左右小块。

4. 锅内放适量水，煮沸之后放入面条，煮至变透明，然后放入备好的西兰花，再次煮沸即可。

5. 取适合宝宝的量。

儿科医生妈妈贴士

1. 可以用果泥和菜泥和面制成彩色面条，可以添加适量鸡蛋做成鸡蛋面条，也可以添加适量粗粮粉做成杂粮面条。

2. 面条做多了，如果剩下的量不多，可以用保鲜袋密封，标注好时间、重量，冷冻保存。如果剩下的量很多，可以晾晒成面条干，用密封袋密封，标注好时间、重量，常温保存。

面疙瘩

适合月龄：满 9 月 +

难度：恨恨长

时间：30 分钟

细嚼期（满 9 ~ 10 月龄）P₅₀ 体重孩子的配餐之一，图中质地和分量可做参考，可以根据宝宝的实际情况酌情调整。

◎ 食材准备

细嚼期（推荐比例）：中筋面粉20g、去皮红番茄 5g、水适量

◎ 制作步骤

1. 将水慢慢倒入中筋面粉当中，用筷子搅拌成面絮，再用手揉成面团，做到三光：面光、盆光、手光（指面团不粘手），面团用布盖好醒 10 分钟。
2. 用擀面杖将面团擀成 5mm 左右厚度的大面片，然后用刀切成 5mm 左右宽度的面条，再用刀切或手揪小疙瘩，细嚼期切 / 揪成 5mm 左右疙瘩 / 咀嚼期切 / 揪成 10mm 左右疙瘩。
3. 去皮红番茄洗净，切块，细嚼期切成 5mm 左右碎块 / 咀嚼期切成 10mm 左右小块。
4. 锅内放适量水，煮沸之后放入去皮红番茄煮至浓汤，然后放入面疙瘩，煮烂（面疙瘩浮起即熟，变成几乎透明即可）。
5. 取适合宝宝的量。

儿科医生妈妈贴士

1. 可以用果泥和菜泥和面制成彩色面疙瘩，可以添加适量鸡蛋做成鸡蛋面疙瘩，也可以添加适量粗粮粉做成杂粮面疙瘩。
2. 给面疙瘩、面片、面条外面撒点干粉可以防止粘连。

85

小馄饨

适合月龄：满9月+

难度：识识识

时间：60分钟（10份量时间）

细嚼期（满9～10月龄）P$_{50}$体重孩子的配餐之一，图中质地和分量可做参考，可以根据宝宝的实际情况酌情调整。

◎ 食材准备

细嚼期（推荐比例）：中筋面粉15g、猪肉10g、葱花适量、水适量

本次取10份的量：中筋面粉150g、猪肉100g、葱花适量、水适量

◎ 制作步骤

1. 将水慢慢倒入中筋面粉当中，用筷子搅拌成面絮，再用手揉成面团，做到三光：面光、盆光、手光（指面团不粘手），面团用布盖好醒10分钟。

2. 猪肉与葱花一道洗净，剁成末，一起放入碗里搅拌均匀，用筷子沿顺时针搅拌上劲备用。

3. 取出面团，擀成薄的面片，切成5cm×5cm大小的正方形面皮。

4. 取少量猪肉馅放在面皮的中间，先对角对折，然后从中间捏紧即可。

5. 锅内放适量水，煮沸之后放入小馄饨，待煮沸后加冷水再煮沸，煮至皮和馅变成几乎透明即可（馄饨浮起即熟）。

6. 取适合宝宝的量（按照上述的量约取十分之一）。

儿科医生妈妈贴士

1. 馅料的食材可以根据喜好自行选择，可以用辅食机搅拌出细腻的肉馅。

2. 揉面时在垫子上洒上适量面粉可以防粘。

3. 如果面片擀得太厚，面皮可以切得小点，再擀成薄的面皮，也可以购买市售馄饨皮。

4. 包好的小馄饨，平摊放在不锈钢的托盘上放入冰箱快速冷硬，再用保鲜袋分装，标注好时间、重量、冷冻保存。

五彩小饺子

适合月龄：满 9 月 +

难度：捏捏捏

时间：60 分钟（10 份量时间）

细嚼期（满 9 ~ 10 月龄）P$_{50}$ 体重孩子的配餐之一，图中质地和分量可做参考，可以根据宝宝的实际情况酌情调整。

◎ 食材准备

细嚼期（推荐比例）：中筋面粉 15g、牛肉 10g、葱花适量、水适量
本次取 10 份的量：中筋面粉 150g、牛肉 100g、葱花适量、水适量

◎ 制作步骤

1. 将水慢慢倒入中筋面粉当中，用筷子搅拌成面絮，再用手揉成面团，做到三光：面光、盆光、手光（指面团不粘手），面团用布盖好醒 10 分钟。
2. 牛肉、葱花洗净，剁成末，一起放入碗里搅拌均匀，用筷子沿顺时针搅拌上劲备用。
3. 取出面团，擀成薄的面片，用圆形模具压制出面皮。
4. 取少量肉馅放在面皮的中间，对折捏紧即可。
5. 锅内放适量水，煮沸之后放入小饺子，待煮沸后加冷水再煮沸，煮至皮和馅变成几乎透明即可（饺子浮起即熟）。
6. 取适合宝宝的量（按照上述的量约取十分之一）。

儿科医生妈妈贴士

1. 可以购买市售小饺子皮。馅料的食材可以根据喜好自行选择，可以用辅食机搅拌出细腻的肉馅。
2. 煮水饺的锅要深，水沸之后可以加入几滴香油，这样饺子不容易破皮或粘连。
3. 包好的小饺子，平摊放在不锈钢的托盘上快速冷硬，再用保鲜袋分装，标注好时间、重量，冷冻保存。

红枣馒头

👕 适合月龄：满9月+

👨‍🍳 难度：👐👐👐

🕐 时间：65分钟（10份量时间）

细嚼期（满9～10月龄）P₅₀体重孩子的配餐之一，图中质地和分量可做参考，可以根据宝宝的实际情况酌情调整。

◎ 食材准备

细嚼期（推荐比例）：中筋面粉20g、去核红枣5g、酵母0.2g、温水适量

本次取10份的量：中筋面粉200g、去核红枣50g（中等大小25个）、酵母2g、温水适量

◎ 制作步骤

1. 红枣洗净，切碎，放入辅食机，加少量水打成枣泥。
2. 酵母用温水化开，静置5分钟。
3. 酵母水倒入中筋面粉中，再倒入枣泥，逐渐倒入适量温水，用筷子搅拌成面絮，再用手揉成面团，做到三光：面光、盆光、手光（指面团不粘手）。
4. 将面团盖好放在温暖处发酵至两倍大。
5. 面团发酵之后取出，在案板上反复揉压排气，将面团搓成长条，切成大小相同的小剂子。
6. 蒸锅内放入冷水，在蒸笼上铺上纱布，将面团剂子放上蒸笼，盖上盖子，再发酵20分钟左右。然后开火，待水烧开后转中火蒸15分钟左右，关火之后继续焖5分钟。
7. 取适合宝宝的量（按照上述的量约取十分之一）。

儿科医生妈妈贴士

1. 需要选用耐高糖的酵母，以免枣泥中的糖分影响面团的发酵。
2. 蒸馒头的时间根据馒头大小而定，或者撕一块馒头的表皮，如能撕开表示已熟，否则表示未熟。
3. 可以用蔬果制成泥糊和面，可以将馒头做成可爱造型，从色彩到造型都让宝宝爱不释手。

紫薯花卷

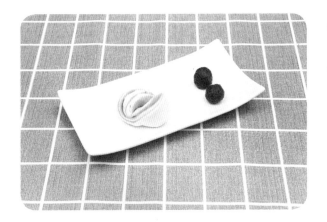

适合月龄：满9月+

难度：挺挺挺长

时间：50分钟（10份量时间）

细嚼期（满9～10月龄）P₅₀体重孩子的配餐之一，图中质地和分量可做参考，可以根据宝宝的实际情况酌情调整。

◎ 食材准备

细嚼期（推荐比例）：中筋面粉 20g、紫薯泥 10g、酵母 0.4g、温水适量

本次取 10 份的量：中筋面粉 200g、紫薯泥 100g、酵母 4g、温水适量

◎ 制作步骤

1. 一半酵母用温水化开，静置 5 分钟，将酵母水倒入一半中筋面粉中，逐渐倒入适量温水，用筷搅，用手揉，将面絮揉成不粘手的面团。

2. 剩下的酵母用温水化开，静置 5 分钟，酵母水倒入剩下的中筋面粉中，再倒入紫薯泥，如果太干可以倒入适量温水，用筷子搅拌成面絮，再用手揉成不粘手的面团。

3. 将两个面团分别用布盖好，放在温暖处发酵至两倍大。

4. 面团发酵之后取出，在案板上反复揉压排气，分别擀成光滑的长方形面片，将白色面片和紫色面片叠放，卷起，切成小段。

5. 取一个剂子，用筷子在中心位置按压一下，依次按压全部。

6. 在蒸锅中倒入冷水，在蒸笼上铺上纱布，将花卷放上蒸笼，盖上盖子，再发酵 20 分钟左右。然后开火，待水烧开后转中火蒸 15 分钟左右，关火之后继续焖 5 分钟。

7. 取适合宝宝的量（按照上述的量约取十分之一）。

儿科医生妈妈贴士

1. 紫薯富含硒元素和花青素，是"防癌"食材。但要注意，紫薯糖含量高，多吃刺激胃酸大量分泌；紫薯含有氧化酶，多吃容易产气、腹胀、放屁等。

2. 在擀紫色面片时，给白色面片盖上保鲜膜防止变干。

3. 蒸花卷的时间根据花卷大小而定。

香菇菜包

☺ 适合月龄：满 9 月 +

👒 难度：⭐⭐⭐

🕐 时间：65 分钟（10 份量时间）

细嚼期（满 9 ~ 10 月龄）P_{50} 体重孩子的配餐之一，图中质地和分量可做参考，可以根据宝宝的实际情况酌情调整。

◎ 食材准备

细嚼期（推荐比例）：中筋面粉 15g、油菜 10g、香菇 5g、酵母 0.2g、温水适量

本次取 10 份的量：中筋面粉 150g、油菜 100g、香菇 50g、酵母 2g、温水适量

◎ 制作步骤

1. 酵母用温水化开，静置 5 分钟。
2. 酵母水倒入中筋面粉中，逐渐倒入适量温水，用筷搅，用手揉，将面絮揉成不粘手的面团。
3. 将面团用布盖好，放在温暖处发酵至两倍大。
4. 在面团发酵时准备馅料，将香菇、油菜清净，焯水，捞出，切碎，拌匀备用。
5. 面团发酵之后取出，在案板上反复揉压排气，将面团搓成长条，切成大小相同的小剂子，将小剂子擀成中间厚外边薄的面皮，包上香菇油菜馅，捏上面皮收口。
6. 在蒸锅中倒入冷水，在蒸笼上铺上纱布，将包子放上蒸笼，盖上盖子，再发酵 20 分钟左右，然后开火，待水烧开后转中火蒸 15 分钟左右，关火之后继续焖 5 分钟。
7. 取适合宝宝的量（按照上述的量约取十分之一）。

儿科医生妈妈贴士

1. 馅料可以根据喜好自行选择，可以用辅食机搅拌出细腻的肉馅。
2. 蒸包子的时间根据包子大小而定。
3. 油菜焯水之后可过下凉开水，这样可以保持叶菜颜色嫩绿。

白菜肉包

適合月龄：满 9 月 +

难度：难难难难

时间：65 分钟(10份量时间)

细嚼期（满 9 ~ 10 月龄）P50 体重孩子的配餐之一，图中质地和分量可做参考，可以根据宝宝的实际情况酌情调整。

◎ 食材准备

细嚼期（推荐比例）：中筋面粉 15g、白菜 10g、猪肉 10g、酵母适量、温水适量

本次取 10 份的量：中筋面粉 150g、白菜 100g、猪肉 100g、酵母 2g、温水适量

◎ 制作步骤

1. 酵母用温水化开，静置 5 分钟。
2. 酵母水倒入中筋面粉中，逐渐倒入适量温水，用筷搅，用手揉，将面絮揉成不粘手的面团。
3. 将面团用布盖好，放在温暖处发酵至两倍大。
4. 在面团发酵时准备馅料，将白菜、猪肉清净，切碎，拌匀备用。
5. 面团发酵之后取出，在案板上反复揉压排气，将面团搓成长条，切成宝宝拳头大小的剂子，将小剂子擀成中间厚外边薄的面皮，包上白菜肉末馅，捏上面皮收口。
6. 在蒸锅中倒入冷水，在蒸笼上铺上纱布，将包子放上蒸笼，盖上盖子，再发酵 20 分钟左右，然后开火，待水烧开后转中火蒸 15 分钟左右，关火之后继续焖 5 分钟。
7. 取适合宝宝的量（按照上述的量约取十分之一）。

儿科医生妈妈贴士

1. 馅料的食材可以根据喜好自行选择，可以用辅食机搅拌出细腻的肉馅。
2. 蒸包子的时间根据包子大小而定。
3. 白菜水分较多，在做白菜肉馅时需要顺时针搅打上劲，夏天要放入冰箱冷藏。

鸡蛋煎饼

适合月龄：满 9 月 +

难度：￼￼￼

时间：10 分钟

细嚼期（满 9 ~ 10 月龄）P$_{50}$ 体重孩子的配餐之一，图中质地和分量可做参考，可以根据宝宝的实际情况酌情调整。

◎ 食材准备

细嚼期（推荐比例）：中筋面粉 15g、鸡蛋液 10g、香葱 2g、水适量

◎ 制作步骤

1. 将中筋面粉和蛋液一起搅拌均匀，如果太干可以适量加水，呈半流质（像酸奶质地可缓缓滴落）的混合面糊。
2. 煎锅热锅后，倒入面糊，令面糊均匀铺在锅底。
3. 小火煎，当面糊周边呈现微黄时，轻轻铲起煎饼四周，翻面，继续煎 1 分钟左右即可。
4. 装盘之后，可以用模具压出造型，取适合宝宝的量。

儿科医生妈妈贴士

1. 可以在面糊中加入菜末或者肉末，改善口感，同时丰富营养。
2. 面糊的稠度非常关键，一定要调成半流质可以缓缓滴落的状态（类似酸奶质地）。
3. 可以选用平底不粘锅煎饼，煎饼时火不要太大，慢慢煎熟即可，以免煎糊。

菠菜发糕

🌸 适合月龄：满 9 月 +

👨‍🍳 难度：✦✦✦

🕐 时间：40 分钟

细嚼期（满 9 ~ 10 月龄）P$_{50}$ 体重孩子的配餐之一，图中质地和分量可做参考，可以根据宝宝的实际情况酌情调整。

◎ 食材准备

细嚼期（推荐比例）：中筋面粉 20g、菠菜 10g、酵母 0.2g、温水适量
本次取 10 份的量：中筋面粉 200g、菠菜 100g、酵母 2g、温水适量

◎ 制作步骤

1. 酵母用温水化开，静置 5 分钟备用。菠菜洗净，焯水，放入辅食机打成泥，装盘备用。
2. 将中筋面粉、菠菜泥和酵母水一起用手动打蛋器搅拌均匀，如果太干可以适量加水，呈半流质（像酸奶质地可缓缓滴落）的混合面糊。
3. 将面糊倒入模具，待面糊膨胀起泡时即可。
4. 在蒸锅中倒入冷水，煮沸之后，将模具放入蒸锅，中小火蒸 10 分钟左右，关火之后继续焖 2 分钟。
5. 取适合宝宝的量（按照上述的量约取十分之一）。

儿科医生妈妈贴士

1. 做发糕不像做馒头，不需要二次发酵。
2. 想要发糕松软又不粘牙，可以在面粉里加入鸡蛋。
3. 可以利用蔬菜瓜果做出彩色的发糕，也可以在发糕里加入各种宝宝喜欢的食材，模具的使用能让妈妈成为"魔法师"，让宝宝食欲大开。

红枣窝窝头

适合月龄：满 11 月 +

难度：🍞🍞🍞

时间：35 分钟（10 份量时间）

咀嚼期（满 11 ~ 12 月龄）P₅₀ 体重孩子的配餐之一，图中质地和分量可做参考，可以根据宝宝的实际情况酌情调整。

◎ 食材准备

咀嚼期（推荐比例）：玉米面粉 10g、中筋面粉 5g、去核红枣 5g、水适量

本次取 10 份的量：玉米面粉 100g、中筋面粉 50g、去核红枣 50g、水适量

◎ 制作步骤

1. 将玉米面粉和中筋面粉用筛网过筛，混合在一起。
2. 去核红枣洗净，切块，咀嚼期切成 10mm 左右小块。
3. 水煮沸之后倒入混合粉中，放入红枣块，搅拌均匀揉成面团，将面团盖好放在温暖处醒 10 分钟。
4. 取鹌鹑蛋大小的面团，揉圆，用大拇指往内按压，用指腹捏出窝窝头的造型。
5. 在蒸锅中倒入冷水，煮沸之后，将窝窝头放入蒸锅，中小火蒸 15 分钟左右，关火之后继续焖 3 分钟。
6. 取适合宝宝的量（按照上述的量约取十分之一）。

儿科医生妈妈贴士

1. 窝窝头通常适合 10 月龄以上有一定咀嚼能力的宝宝。
2. 这款窝窝头没有放酵母或者小苏打，用烫面的方法做出来也很软很好吃呢。

菠菜鸭肝拌面

适合月龄：满 11 月 +　　难度：根根根　　时间：35 分钟

细嚼期（满 9 ~ 10 月龄）P₅₀ 体重孩子的配餐之一，图中质地和分量可做参考，可以根据宝宝的实际情况酌情调整。
咀嚼期（满 11 ~ 12 月龄）P₅₀ 体重孩子的配餐之一，图中质地和分量可做参考，可以根据宝宝的实际情况酌情调整。

◎ 食材准备

咀嚼期（推荐比例）：中筋面粉 25g、鸭肝 20g、菠菜 10g、亚麻籽油 1g、水适量

◎ 制作步骤

1. 中筋面粉加适量水揉成不粘手的面团，将面团用布盖好放在温暖处醒 10 分钟。
2. 用擀面杖将面团擀成 5mm 左右厚度的大面片，然后用刀切成 5mm 左右宽度的面条，细嚼期切成 10mm 左右小段 / 咀嚼期切成 30mm 左右小段。
3. 菠菜、鸭肝洗净，焯水，捞出，分别切块，细嚼期切成 5mm 左右碎块 / 咀嚼期切成 10mm 左右小块。
4. 炒锅热锅后倒入亚麻籽油，先放入鸭肝翻炒变色，再放入菠菜一起翻炒至熟，装盘备用。
5. 锅内放适量水，煮沸之后放入面条，煮至面条变成几乎透明捞出，用凉开水冲一遍后沥干，以免面条粘在一起。
6. 将菠菜鸭肝和面条拌匀，取适合宝宝的量。

儿科医生妈妈贴士

1. 搭配拌面的食材可以根据孩子喜好来变换。
2. 鸭肝和菠菜也可以焯熟之后切好再用芝麻油拌一下，因为肝脏炒久口感会老。
3. 鸭肝适合做婴儿辅食配餐，因为鸭肝的铁和维生素 A 的含量都很高，比起猪肝质地相对细腻，比起鸡肝铁的含量较高，且维生素 A 含量又不至于太高。

胡萝卜牛肉烩面

适合月龄：满 11 月 +

难度：👨‍🍳👨‍🍳👨‍🍳

时间：35 分钟

咀嚼期（满 11～12 月龄）P₅₀ 体重孩子的配餐之一，图中质地和分量可做参考，可以根据宝宝的实际情况酌情调整。

◎ **食材准备**

咀嚼期（推荐比例）：中筋面粉 25g、牛肉 25g、去皮胡萝卜 10g、亚麻籽油 1g、水适量

◎ **制作步骤**

1. 中筋面粉加适量水揉成不粘手的面团，将面团用布盖好放在温暖处醒 10 分钟。

2. 用擀面杖将面团擀成 5mm 左右厚度的大面片，然后用刀切成 5mm 左右宽度的面条，细嚼期切成 10mm 左右小段 / 咀嚼期切成 30mm 左右小段。

3. 去皮胡萝卜、牛肉洗净，焯水，捞出，分别切块，细嚼期切成 5mm 左右碎块 / 咀嚼期切成 10mm 左右小块。

4. 炒锅热锅后倒入亚麻籽油，先放入牛肉翻炒变色，再放入胡萝卜一起翻炒，倒入适量水，小火焖 5 分钟左右。

5. 在焖煮牛肉的同时，另起锅烧水，放入面条，焯水，捞出，放入装有冷水的碗中。

6. 再次往胡萝卜牛肉中倒入适量水，煮沸后放入焯水后的面条，用筷子拨动面条以免粘连，直至面条煮熟。

7. 取适合宝宝的量。

儿科医生妈妈贴士

1. 烩面是河南三大小吃之一，荤、素、汤、菜聚而有之。给小宝宝吃的面条可以适当煮得软些。
2. 先洗后焯再切可以较好保留食物的营养价值。

南瓜牛肉蒸面

适合月龄：满 11 月 +

难度：想想想

时间：35 分钟

咀嚼期（满 11 ~ 12 月龄）P$_{50}$ 体重孩子的配餐之一，图中质地和分量可做参考，可以根据宝宝的实际情况酌情调整。

◎ 食材准备

咀嚼期（推荐比例）：中筋面粉 25g、牛肉 20g、去皮南瓜 10g、亚麻籽油 1g、水适量

◎ 制作步骤

1. 中筋面粉加适量水揉成不粘手的面团，将面团用布盖好放在温暖处醒 10 分钟。
2. 用擀面杖将面团擀成 5mm 左右厚度的大面片，然后用刀切成 5mm 左右宽度的面条，细嚼期切成 10mm 左右小段 / 咀嚼期切成 30mm 左右小段。
3. 去皮南瓜、牛肉洗净，焯水，捞出，分别切块，细嚼期切成 5mm 左右碎块 / 咀嚼期切成 10mm 左右小块。
4. 炒锅热锅后倒入亚麻籽油，先放入牛肉翻炒变色，然后放入南瓜一起翻炒至软烂，倒入适量水煮出一些酱汁，装盘备用。
5. 锅内放适量水，煮沸之后放入面条，焯水，直至面条中间透明，捞出，将面条倒在南瓜牛肉上面。
6. 蒸锅内放适量水，煮沸后放入南瓜牛肉面条，中小火蒸 5 分钟左右，蒸至面条略干即可。
7. 取适合宝宝的量。

儿科医生妈妈贴士

1. 蒸面配汤吃起来才不会觉得太干。蒸面条要选择细面，细面比粗面更容易入味。
2. 面条做多了，如果剩下的量不多，可以用保鲜袋密封，标注好时间、重量，冷冻保存；如果剩下的量很多，可以晾晒成面条干，用密封袋密封，标注好时间、重量，常温保存。

鲈鱼 *Perch*

由于鲈鱼鱼刺较少，肉质鲜嫩，是餐桌上常见的鱼类。鲈鱼富含蛋白质、维生素、矿物质等营养素。根据生活水域可以大致分成"河鲈鱼""江鲈鱼""海鲈鱼"。美食家们普遍认为"海水鲈鱼"肉质较柴，"淡水鲈鱼"肉质较嫩。淡水养殖鲈鱼甚至比大部分海鱼含有的DHA还要高，因为鲈鱼属于食肉鱼类，养殖的饲料中含有海鱼碎末，因其食物中富含DHA，因此体内富集了DHA。

鲈鱼的营养成分			
成分	含量	成分	含量
食部/%	58	尼克酸/mg	3.1
水分/g	76.5	维生素C/mg	—
能量/kcal	105	维生素E/mg	0.75
蛋白质/g	18.6	钙/mg	138
脂肪/g	3.4	磷/mg	242
碳水化合物/g	0	钾/mg	205
不溶性纤维/g	—	钠/mg	144.1
胆固醇/mg	86	镁/mg	37
灰分/g	1.5	铁/mg	2
总维生素A/μgRE	19	锌/mg	2.83
胡萝卜素/μg	—	硒/μg	33.06
视黄醇/μg	19	铜/mg	0.05
硫胺素（维生素B$_1$）/mg	0.03	锰/mg	0.04
核黄素（维生素B$_2$）/mg	0.17		

以上数据整理自《中国食物成分表》2009版第一册，2004版第二册。

清蒸鲈鱼

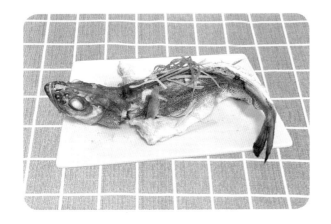

适合月龄：满 6 月 +

难度：

时间：15 分钟

细嚼期（满 9 ~ 10 月龄）P_{50}体重孩子的配餐之一，图中质地和分量可做参考，可以根据宝宝的实际情况酌情调整。

◎ 食材准备

细嚼期（推荐比例）：鲈鱼 20g、亚麻籽油 1g、水适量、生姜适量、香葱适量

◎ 制作步骤

1. 新鲜的鲈鱼刮除鱼鳞，去除内脏及鱼鳃，鱼肚里塞葱段和姜片。

2. 蒸锅内放适量水，将鲈鱼放入蒸锅，中火蒸 7 分钟左右，关火之后继续焖 2 分钟（看到鱼眼往外凸出即熟）。

3. 打开锅盖，在鲈鱼上撒上适量香葱。另起锅，锅热后倒入亚麻籽油，稍热片刻后关火，将油倒在香葱上。

4. 取适合宝宝的量，除去鱼刺、鱼皮，吞咽期捣成泥状 / 蠕嚼期压成糊状 / 细嚼期切成 5mm 左右碎块 / 咀嚼期切成 10mm 左右小块。

儿科医生妈妈贴士

1. 蒸鱼的时间根据鱼的大小而定，看到鱼眼往外凸出即熟。

2. 若要获得口味最佳的蒸鱼，除了鱼要新鲜，切莫冷水蒸鱼，要等蒸锅的水开之后再放入鲜鱼。

鲈鱼饼

适合月龄：满 9 月 +

难度：

时间：15 分钟

咀嚼期（满 11 ~ 12 月龄）P50 体重孩子的配餐之一，图中质地和分量可做参考，可以根据宝宝的实际情况酌情调整。

◎ 食材准备

咀嚼期（推荐比例）：鲈鱼 20g、中筋面粉 15g、油菜 10g、水适量

◎ 制作步骤

1. 鲈鱼洗净，蒸熟，去刺，取适合宝宝分量的鱼肉，用勺子碾碎。
2. 油菜洗净，焯水，捞出，切成碎末。
3. 将油菜、鲈鱼混合，倒入中筋面粉和适量清水，搅拌成半流质（像酸奶质地可缓缓滴落）的混合面糊。
4. 煎锅热锅后，倒入面糊，令面糊均匀铺在锅底。
5. 中小火煎，当面糊周边呈现微黄时，轻轻铲起煎饼四周，然后翻面，两面煎得凝固金黄即可。
6. 起锅之后，可以用模具压出造型。取适合宝宝的量。

儿科医生妈妈贴士

1. 这是一款不错的宝宝手指食物。
2. 务必把鱼刺剔除干净。

鳕鱼 *Cod*

由于鳕鱼鱼刺较少，肉质鲜嫩，富含蛋白质、牛磺酸、维生素A、维生素D、钙、镁、硒、ω-3多不饱和脂肪酸等营养元素，是适合给宝宝吃的理想鱼类。大西洋鳕鱼、格陵兰鳕鱼和太平洋鳕鱼，是传统意义上的鳕鱼。

鳕鱼的营养成分			
成分	含量	成分	含量
食部/%	45	尼克酸/mg	2.7
水分/g	77.4	维生素C/mg	—
能量/kcal	88	维生素E/mg	—
蛋白质/g	20.4	钙/mg	42
脂肪/g	0.5	磷/mg	232
碳水化合物/g	0.5	钾/mg	321
不溶性纤维/g	—	钠/mg	130.3
胆固醇/mg	114	镁/mg	84
灰分/g	1.2	铁/mg	0.5
总维生素A/μgRE	14	锌/mg	0.86
胡萝卜素/μg	—	硒/μg	24.8
视黄醇/μg	14	铜/mg	0.01
硫胺素（维生素B$_1$）/mg	0.04	锰/mg	0.01
核黄素（维生素B$_2$）/mg	0.13		

以上数据整理自《中国食物成分表》2009版第一册，2004版第二册。

彩蔬鳕鱼羹

适合月龄：满9月+   难度：   时间：15分钟

细嚼期（满9~10月龄）P$_{50}$体重孩子的配餐之一，图中质地和分量可做参考，可以根据宝宝的实际情况酌情调整。

咀嚼期（满11~12月龄）P$_{50}$体重孩子的配餐之一，图中质地和分量可做参考，可以根据宝宝的实际情况酌情调整。

◎ 食材准备

细嚼期（推荐比例）：鳕鱼10g、去皮胡萝卜10g、西兰花10g、黄甜椒5g、去皮红番茄5g、芝麻油1g、水100ml、淀粉适量

◎ 制作步骤

1. 去皮胡萝卜、西兰花、黄甜椒、去皮红番茄，洗净，焯水，捞出，分别切块，细嚼期切成5mm左右碎块/咀嚼期切成10mm左右小块。

2. 鳕鱼洗净，蒸熟，去刺，切块，细嚼期切成5mm左右碎块/咀嚼期切成10mm左右小块。

3. 锅内放适量水，煮沸之后先放入彩蔬翻煮至烂，然后放入鳕鱼煮沸。

4. 加入适量加水的淀粉勾芡，再次煮沸之后滴入芝麻油即可。

5. 取适合宝宝的量。

儿科医生妈妈贴士

1. 可以换成其他鱼类，务必仔细去除鱼刺。
2. 勾芡可以改善菜肴的色泽，增加汤汁的稠度，丰富菜肴的口感。

河虾 River Shrimp

河虾又称青虾，学名叫日本沼虾，广泛分布于我国的江河、湖泊、水库、池塘中。由于河虾肉质细嫩，味道鲜美，高蛋白低脂肪，富含钙、磷、碘、维生素A、虾青素等营养元素，是一种营养价值很高的食材。河虾体内的虾青素，是目前发现最强的一种抗氧化剂，虾体的颜色越深代表虾青素的含量越高。

河虾的营养成分			
成分	含量	成分	含量
食部/%	86	尼克酸/mg	—
水分/g	78.1	维生素C/mg	
能量/kcal	87	维生素E/mg	5.33
蛋白质/g	16.4	钙/mg	325
脂肪/g	2.4	磷/mg	186
碳水化合物/g	0	钾/mg	329
不溶性纤维/g	—	钠/mg	133.8
胆固醇/mg	240	镁/mg	60
灰分/g	3.9	铁/mg	4
总维生素A/μgRE	48	锌/mg	2.24
胡萝卜素/μg	—	硒/μg	29.65
视黄醇/μg	48	铜/mg	0.64
硫胺素（维生素B_1）/mg	0.04	锰/mg	0.27
核黄素（维生素B_2）/mg	0.03		

以上数据整理自《中国食物成分表》2009版第一册，2004版第二册。

彩蔬虾仁羹

适合月龄：满 9 月 +　　难度：　　　时间：15 分钟

细嚼期（满 9 ~ 10 月龄）P₅₀ 体重孩子的配餐之一，图中质地和分量可做参考，可以根据宝宝的实际情况酌情调整。

咀嚼期（满 11 ~ 12 月龄）P₅₀ 体重孩子的配餐之一，图中质地和分量可做参考，可以根据宝宝的实际情况酌情调整。

◎ 食材准备

细嚼期（推荐比例）：虾仁 10g、去皮胡萝卜 10g、西兰花 10g、黄甜椒 5g、去皮红番茄 5g、芝麻油 1g、水适量、淀粉适量

◎ 制作步骤

1. 去皮胡萝卜、西兰花、黄甜椒、去皮红番茄，洗净，焯水，捞出，分别切块，细嚼期切成 5mm 左右碎块 / 咀嚼期切成 10mm 左右小块。
2. 鲜虾洗净，去头，剥壳，除虾线。
3. 锅内放适量水，煮沸之后先放入彩蔬翻滚至烂，然后放入虾仁翻滚至熟。
4. 加入适量加水的淀粉勾芡，再次煮沸之后加入芝麻油即可。
5. 取适合宝宝的量。

　　儿科医生妈妈贴士

1. 虾线是虾的消化道，通常建议把它去掉，如果懒得处理，高温烹饪过后细菌会被消灭，吃下去也安全，就是味道可能会差些。
2. 勾芡可以改善菜肴的色泽，增加汤汁的稠度，丰富菜肴的口感。

牛肉（里脊） Beef

　　牛肉味道鲜美，营养丰富，是餐桌上常见的畜肉类之一。牛肉富含优质蛋白质、不饱和脂肪酸、B族维生素、钙、铁、锌等营养元素，与其他畜肉相比，提供优质蛋白同时脂肪含量较低，尤其含铁丰富，是补铁（改善缺铁性贫血）的优质食材。牛肉不同部位肉质不同，可以根据不同部位选择不同烹饪方式，比如，里脊用来炒，牛腩用来炖，牛排用来煎，等等。牛肉搭配富含维生素C的蔬菜可以帮助铁的吸收。

牛肉（里脊）的营养成分			
成分	含量	成分	含量
食部/%	100	尼克酸/mg	7.2
水分/g	73.2	维生素C/mg	—
能量/kcal	107	维生素E/mg	0.8
蛋白质/g	22.2	钙/mg	3
脂肪/g	0.9	磷/mg	241
碳水化合物/g	2.4	钾/mg	140
不溶性纤维/g	—	钠/mg	75.1
胆固醇/mg	63	镁/mg	29
灰分/g	1.3	铁/mg	4.4
总维生素A/µgRE	4	锌/mg	6.92
胡萝卜素/µg	—	硒/µg	2.76
视黄醇/µg	4	铜/mg	0.11
硫胺素（维生素B_1）/mg	0.05	锰/mg	Tr
核黄素（维生素B_2）/mg	0.15		

以上数据整理自《中国食物成分表》2009版第一册，2004版第二册。

彩蔬牛肉羹

👕 适合月龄：满 9 月 +　　💬 难度：⭐⭐　　🕐 时间：15 分钟

细嚼期（满 9 ~ 10 月龄）P₅₀ 体重孩子的配餐之一，图中质地和分量可做参考，可以根据宝宝的实际情况酌情调整。

咀嚼期（满 11 ~ 12 月龄）P₅₀ 体重孩子的配餐之一，图中质地和分量可做参考，可以根据宝宝的实际情况酌情调整。

◎ 食材准备

细嚼期（推荐比例）：牛肉 25g、去皮胡萝卜 10g、西兰花 10g、黄甜椒 5g、去皮红番茄 5g、芝麻油 1g、水适量、淀粉适量

◎ 制作步骤

1. 牛肉、去皮胡萝卜、西兰花、黄甜椒、去皮红番茄洗净，焯水，捞出，分别切块，细嚼期切成 5mm 左右碎块 / 咀嚼期切成 10mm 左右小块。
2. 锅内放适量水，煮沸之后先放入牛肉翻滚 2 分钟，然后放入彩蔬翻滚至烂。
3. 加入适量加水的淀粉勾芡，再次煮沸之后加入芝麻油即可。
4. 取适合宝宝的量。

儿科医生妈妈贴士

1. 如果宝宝对蛋清不过敏，牛肉裹上蛋清可以更加嫩滑。
2. 勾芡可以让菜肴的色泽变得更加鲜艳，口感变得更加细滑，可以增加宝宝食欲。

胡萝卜炖牛肉

 适合月龄：满9月+   难度：根根   时间：15分钟

细嚼期（满9~10月龄）P₅₀体重孩子的配餐之一，图中质地和分量可做参考，可以根据宝宝的实际情况酌情调整。

咀嚼期（满11~12月龄）P₅₀体重孩子的配餐之一，图中质地和分量可做参考，可以根据宝宝的实际情况酌情调整。

◎ 食材准备

细嚼期（推荐比例）：牛肉 25g、去皮胡萝卜 10g、亚麻籽油 1g、水适量

◎ 制作步骤

1. 去皮胡萝卜、牛肉洗净，焯水，捞出，分别切块，细嚼期切成 5mm 左右碎块 / 咀嚼期切成 10mm 左右小块。
2. 炒锅热锅后倒入亚麻籽油，先将牛肉放入翻炒变色，再将胡萝卜块放入一起翻炒片刻。
3. 倒入适量水，小火焖 5 分钟左右，煮出一些汤汁，取适合宝宝的量。

儿科医生妈妈贴士

1. 胡萝卜牛肉煮出一些汤汁，可以配饭或者拌面。
2. 尽量炖得烂一点，方便宝宝咀嚼。

猪肉（里脊） Pork

　　猪肉纤维较为细软，结缔组织较少，肌肉组织中含有较多的肌间脂肪，因此烹饪之后味道鲜美，是餐桌上常见的畜肉类之一。猪肉富含蛋白质、脂肪、B族维生素、钙、铁、锌、磷等营养元素。猪肉不同部位肉质不同，猪里脊的肉质最嫩，后臀尖的肉质老些。可以根据不同部位选择不同烹饪方式，比如，猪里脊和后臀尖炒着吃，五花肉炖着吃，前臀尖可以包饺子和包子吃。

猪肉（里脊）的营养成分			
成分	含量	成分	含量
食部/%	100	尼克酸/mg	5.2
水分/g	70.3	维生素C/mg	—
能量/kcal	155	维生素E/mg	0.59
蛋白质/g	20.2	钙/mg	6
脂肪/g	7.9	磷/mg	184
碳水化合物/g	0.7	钾/mg	317
不溶性纤维/g	—	钠/mg	43.2
胆固醇/mg	55	镁/mg	28
灰分/g	0.9	铁/mg	1.5
总维生素A/μgRE	5	锌/mg	2.3
胡萝卜素/μg	—	硒/μg	5.25
视黄醇/μg	5	铜/mg	0.16
硫胺素（维生素B_1）/mg	0.47	锰/mg	0.03
核黄素（维生素B_2）/mg	0.12		

以上数据整理自《中国食物成分表》2009版第一册，2004版第二册。

肉松

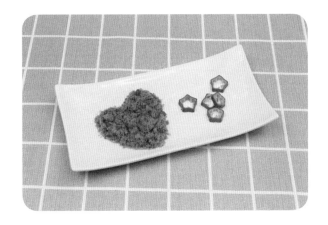

适合月龄：满 11 月 +

难度：

时间：15 分钟

咀嚼期（满 11 ~ 12 月龄）P_{50} 体重孩子的配餐之一，图中质地和分量可做参考，可以根据宝宝的实际情况酌情调整。

◎ 食材准备

咀嚼期（推荐比例）：猪里脊肉 200g、水适量

◎ 制作步骤

1. 新鲜猪里脊肉清净，切块，焯水，捞出。
2. 重换一锅清水开始炖肉，直至肉松散。
3. 将肉取出，撕碎，撕得越细越好，再用剪刀将肉剪碎，剪得越碎越好。
4. 把碎肉放入平底锅中，用小火反复翻炒，直至碎肉呈金黄色。
5. 将肉碎用辅食机直接打碎或者用保鲜袋包好捏碎，晾凉即可。
6. 给宝宝食用时取合适的量。

儿科医生妈妈贴士

1. 可以加入香脆的海苔、喷香的芝麻，肉松的味道会变得更有层次感，入口酥脆越嚼越香。
2. 做好的肉松冷却之后找个密封罐子储存，最好是冷藏。
3. 可以作为宝宝平时的小零食或者是粥、面的配菜。

肉丸

适合月龄：满 11 月 +

难度：想想想

时间：20 分钟

咀嚼期（满 11 ~ 12 月龄）P$_{50}$ 体重孩子的配餐之一，图中质地和分量可做参考，可以根据宝宝的实际情况酌情调整。

◎ 食材准备

咀嚼期（推荐比例）：猪肉 100g、清水适量、淀粉适量

◎ 制作步骤

1. 猪肉洗净、切碎、剁成泥状。
2. 加入适量加水的淀粉搅打上劲。
3. 起锅烧水，水沸之后，一边持续大火烧水，一边将肉泥搓成丸子状，并把肉丸放进沸水中。
4. 煮至肉丸基本成型后，再用勺子轻轻推动肉丸，防止粘在锅底，并且撇去浮沫。
5. 待肉丸全部浮上水面，再煮 1 分钟，捞出，沥干水分即可。
6. 给宝宝食用时取合适的量。

儿科医生妈妈贴士

1. 手工剁好的肉馅经过反复搅打之后，可以煮出更加紧实光滑的肉丸。
2. 肉丸中也可以加入各种蔬菜和鸡蛋，能解决宝宝的偏食问题，让宝宝获得均衡的营养。
3. 可以直接作为宝宝的手指食物，也可以搭配各类蔬菜做成美味的肉丸汤。一次食用后剩余的肉丸可以用保鲜袋密封，标注好时间、重量，冷冻储存，注意尽早食用。

肉 脯

适合月龄：满 11 月 +

难度：担担担

时间：35 分钟

咀嚼期（满 11 ~ 12 月龄）P$_{50}$ 体重孩子的配餐之一，图中质地和分量可做参考，可以根据宝宝的实际情况酌情调整。

◎ 食材准备

咀嚼期（推荐比例）：猪里脊肉 200g、水适量

◎ 制作步骤

1. 新鲜的猪里脊肉洗净，剁碎成肉末，用筷子朝着一个方向搅拌上劲。
2. 在烤盘上铺一层油纸，把搅拌上劲后的肉末平铺在上面。
3. 在肉末上覆盖一层保鲜膜，用擀面杖将肉末擀平，擀成大约 0.2cm 薄片。
4. 预热烤箱，180 摄氏度，上下火 5 分钟。
5. 去掉肉末上覆盖的保鲜膜，将烤盘放入烤箱，烤制 10 分钟，再将烤盘取出，倒掉水分，翻面，继续烤制 10 分钟，反复烤制，直至原来一半的厚度即可。
6. 给宝宝食用时取合适的量。

儿科医生妈妈贴士

1. 可以换成牛肉或者其他肉类，但都要挑选瘦肉。
2. 烤制的最后几分钟，需要在烤箱边注意观察，以免烤焦。

鸡（胸脯）肉 Chicken

鸡肉是高蛋白低脂肪的肉类，肉质细嫩，味道鲜美，相对容易消化，不易发生过敏，是适合给宝宝吃的理想肉类之一。鸡肉富含蛋白质、脂肪、维生素A、维生素C、B族维生素、钙、铁、磷、硒等营养元素。适合多种烹饪方法，热炒、炖汤、凉拌等皆可。

鸡（胸脯）肉的营养成分			
成分	含量	成分	含量
食部/%	100	尼克酸/mg	10.8
水分/g	72	维生素C/mg	—
能量/kcal	133	维生素E/mg	0.22
蛋白质/g	19.4	钙/mg	3
脂肪/g	5	磷/mg	214
碳水化合物/g	2.5	钾/mg	338
不溶性纤维/g	—	钠/mg	34.4
胆固醇/mg	82	镁/mg	28
灰分/g	1.1	铁/mg	0.6
总维生素A/μgRE	16	锌/mg	0.51
胡萝卜素/μg	—	硒/μg	10.5
视黄醇/μg	16	铜/mg	0.06
硫胺素（维生素B_1）/mg	0.07	锰/mg	0.01
核黄素（维生素B_2）/mg	0.13		

以上数据整理自《中国食物成分表》2009版第一册，2004版第二册。

菠菜鸡茸

适合月龄：满 9 月 +　　　难度：☆☆　　　时间：10 分钟

细嚼期（满 9 ~ 10 月龄）P$_{50}$ 体重孩子的配餐之一，图中质地和分量可做参考，可以根据宝宝的实际情况酌情调整。
咀嚼期（满 11 ~ 12 月龄）P$_{50}$ 体重孩子的配餐之一，图中质地和分量可做参考，可以根据宝宝的实际情况酌情调整。

◎ 食材准备

细嚼期（推荐比例）：鸡肉 15g、菠菜 10g、芝麻油 1g

◎ 制作步骤

1. 将菠菜、鸡肉洗净，汆熟，捞出。
2. 鸡肉剁成糊状，菠菜切块，细嚼期切成 5mm 左右碎块 / 咀嚼期切成 10mm 左右小块。
3. 将鸡茸和菠菜混合，加入芝麻油搅拌即可。
4. 取适合宝宝的量。

儿科医生妈妈贴士

1. 可以做成炒菜也可以做成拌菜，如果做成炒菜，菠菜在烹饪前可以进行焯水处理，除去较多的草酸、植酸。
2. 除了菠菜之外，可以加入其他蔬菜或者食材，注意不同月龄 / 阶段切成合适的大小、做成合适的质地，便于宝宝进食。

宫保鸡丁（改良版）

👕 适合月龄：满 9 月 +　　　　👨‍🍳 难度：⭐⭐　　　　⏰ 时间：10 分钟

细嚼期（满 9 ~ 10 月龄）P₅₀ 体重孩子的配餐之一，图中质地和分量可做参考，可以根据宝宝的实际情况酌情调整。

咀嚼期（满 11 ~ 12 月龄）P₅₀ 体重孩子的配餐之一，图中质地和分量可做参考，可以根据宝宝的实际情况酌情调整。

◎ 食材准备

细嚼期（推荐比例）：鸡蛋液 15g、黄瓜 10g、鸡肉 10g、亚麻籽油 1g

◎ 制作步骤

1. 将黄瓜、鸡肉洗净，焯水，捞出，分别切块，细嚼期切成 5mm 左右碎块 / 咀嚼期切成 10mm 左右小块。

2. 炒锅热锅后倒入 0.5g 亚麻籽油，将鸡蛋液倒入锅内，炒熟，装起，切块，细嚼期切成 5mm 左右碎块 / 咀嚼期切成 10mm 左右小块。

3. 炒锅热锅后倒入剩余 0.5g 亚麻籽油，先放入鸡肉翻炒变色，再将黄瓜放入一起翻炒片刻，最后放入鸡蛋块翻炒均匀即可。

4. 取适合宝宝的量。

儿科医生妈妈贴士

1. 可以用鸡脯肉或者鸡腿肉，因为鸡脯肉不容易入味，建议最好用鸡腿肉。
2. 热锅冷油炒菜更加健康，高温油不但会破坏食物的营养，还会产生过氧化物和致癌物质。

鸡蛋 *Egg*

鸡蛋含有人体必需的几乎所有的营养物质，价格实惠，容易获取，因此是人类重要的营养食材，也是宝宝辅食常用的营养食材。一个鸡蛋重约50g，蛋白质大约就含7g，蛋黄和蛋白所含的蛋白质都是优质蛋白，而且氨基酸比例很适合人体生理需要，吸收率和利用率都很高。蛋黄含有丰富的卵磷脂，可以为婴幼儿提供胆碱，促进智力发展。鸡蛋的吃法多样，可以白煮、煎、炒、蒸蛋羹等。

鸡蛋的营养成分			
成分	含量	成分	含量
食部/%	88	尼克酸/mg	0.2
水分/g	74.1	维生素C/mg	—
能量/kcal	144	维生素E/mg	1.84
蛋白质/g	13.3	钙/mg	56
脂肪/g	8.8	磷/mg	130
碳水化合物/g	2.8	钾/mg	154
不溶性纤维/g	—	钠/mg	131.5
胆固醇/mg	585	镁/mg	10
灰分/g	1	铁/mg	2
总维生素A/μgRE	234	锌/mg	1.1
胡萝卜素/μg	—	硒/μg	14.34
视黄醇/μg	234	铜/mg	0.15
硫胺素（维生素B_1）/mg	0.11	锰/mg	0.04
核黄素（维生素B_2）/mg	0.27		

以上数据整理自《中国食物成分表》2009版第一册，2004版第二册。

肉末鸡蛋羹

适合月龄：满 7 月 +

难度：𝄞𝄞

时间：10 分钟

细嚼期（满 9 ~ 10 月龄）P$_{50}$ 体重孩子的配餐之一，图中质地和分量可做参考，可以根据宝宝的实际情况酌情调整。

◎ 食材准备

细嚼期（推荐比例）：鸡蛋液 15g、菠菜 10g、猪肉 5g、芝麻油 1g、温水适量

◎ 制作步骤

1. 一边搅拌鸡蛋液一边缓缓加入 2 倍于鸡蛋液的温水，倒入蒸碗。
2. 蒸锅内放适量水，煮沸后将蒸碗加盖放入蒸锅，中火蒸 5 分钟左右。
3. 蒸蛋时，将猪肉、菠菜洗净，氽熟，捞出，剁成细末，放入蒸好的蛋羹上，加入芝麻油即可。
4. 取适合宝宝的量。

儿科医生妈妈贴士

1. 肉末鸡蛋羹可以作为糊类在满 7 ~ 8 月龄开始试吃，本书将其纳入细嚼期宝宝一周饮食举例表中，并按照细嚼期的分量和质地制作。
2. 鸡蛋液用网筛过滤一下，蒸蛋更加嫩滑。
3. 打蛋时要轻要慢，一边搅拌蛋液一边缓缓加入温水，蛋和水的比例 1：2 或者 1：3 为宜。
4. 给蒸碗加盖可以避免蛋羹表面出现蜂窝状。
5. 蛋羹加上肉末和菜末营养和口感均能加分。

日式厚蛋烧

适合月龄：满 9 月 +

难度：捏捏古

时间：10 分钟

细嚼期（满 9 ~ 10 月龄）P₅₀ 体重孩子的配餐之一，图中质地和分量可做参考，可以根据宝宝的实际情况酌情调整。

◎ 食材准备

细嚼期（推荐比例）：鸡蛋液 25g、油菜 5g、水适量

◎ 制作步骤

1. 油菜洗净，焯水，捞出，切块，细嚼期切成 5mm 左右碎块 / 咀嚼期切成 10mm 左右小块。
2. 在鸡蛋液中放入切好的油菜，加入适量水搅拌成呈流动的状态。
3. 煎锅热锅后，倒入油菜鸡蛋液，晃动锅柄使之摊平，用小火煎制。
4. 待油菜蛋液略凝固时，从一边开始慢慢卷成小卷，关火装盘。
5. 切成宝宝可以拿着吃的小块。
6. 取适合宝宝的量。

儿科医生妈妈贴士

1. 全程使用中小火即可。
2. 在油菜蛋液完全凝固之前开始卷。
3. 可以加上肉末和菜末，营养和口感均能加分。

豆腐 Bean curd

豆腐富含优质植物蛋白质、膳食纤维、植物固醇、大豆异黄酮、钙等营养素，是植物性食物中含蛋白质较高的，含有8种人体必需的氨基酸，被誉为"植物肉"。豆腐口感绵软，所以宝宝大都很喜欢吃，豆腐含钙丰富，可以作为牛奶蛋白过敏的宝宝较好的补钙替代品。适合多种烹饪方法，可以采用煎、炸、炒、蒸等。

豆腐的营养成分			
成分	含量	成分	含量
食部/%	100	尼克酸/mg	0.2
水分/g	82.8	维生素C/mg	—
能量/kcal	82	维生素E/mg	2.71
蛋白质/g	8.1	钙/mg	164
脂肪/g	3.7	磷/mg	119
碳水化合物/g	4.2	钾/mg	125
不溶性纤维/g	0.4	钠/mg	7.2
胆固醇/mg	—	镁/mg	27
灰分/g	1.2	铁/mg	1.9
总维生素A/μgRE	—	锌/mg	1.11
胡萝卜素/μg	—	硒/μg	2.3
视黄醇/μg	—	铜/mg	0.27
硫胺素（维生素B$_1$）/mg	0.04	锰/mg	0.47
核黄素（维生素B$_2$）/mg	0.03		

以上数据整理自《中国食物成分表》2009版第一册，2004版第二册。

肉末豆腐羹

适合月龄：满 7 月 +

难度：坦坦

时间：10 分钟

细嚼期（满 9 ~ 10 月龄）P$_{50}$ 体重孩子的配餐之一，图中质地和分量可做参考，可以根据宝宝的实际情况酌情调整。

◎ 食材准备

细嚼期（推荐比例）：豆腐 15g、猪肉 10g、芝麻油 1g、水适量、淀粉适量

◎ 制作步骤

1. 豆腐、猪肉洗净，焯水，捞出，猪肉剁泥，搅拌均匀。
2. 锅内放入适量水，煮沸之后放入猪肉和豆腐，小火翻煮 3 分钟。
3. 加入加水的淀粉煮至黏稠，再次煮沸之后加入芝麻油即可。
4. 取适合宝宝的量。

儿科医生妈妈贴士

1. 肉末豆腐羹可以作为糊类在满 7 ~ 8 月龄开始试吃，本书将其纳入细嚼期宝宝一周饮食举例表中，并按照细嚼期的分量和质地制作。
2. 可以选择水豆腐，也可以选择老豆腐，水豆腐口感细腻嫩滑，老豆腐营养更为丰富。
3. 可以根据需要加上肉末和菜末，营养和口感均能加分。

彩蔬豆花

适合月龄：满 11 月 +

难度：

时间：25 分钟

咀嚼期（满 11 ～ 12 月龄）P$_{50}$ 体重孩子的配餐之一，图中质地和分量可做参考，可以根据宝宝的实际情况酌情调整。

◎ 食材准备

咀嚼期（推荐比例）：黄豆 150g、去皮胡萝卜 10g、西兰花 10g、黄甜椒 5g、去皮红番茄 5g、内酯 3g、水适量

◎ 制作步骤

1. 黄豆洗净，提前浸泡 24 小时。
2. 将泡好的黄豆放入豆浆机中，加水 1200ml，制成豆浆。
3. 将制好的豆浆趁热过滤豆渣。
4. 3g 内酯兑 5ml 左右冷开水融化，倒入到滤除豆渣的豆浆中（豆浆温度不能低于 85℃），将倒入内酯的豆浆放入带盖器皿中静置 10 分钟。
5. 其间将去皮胡萝卜、西兰花、黄甜椒、去皮红番茄洗净，焯水，捞出，分别切块，细嚼期切成 5mm 左右碎块 / 咀嚼期切成 10mm 左右小块。
6. 取宝宝合适的豆花量，将彩蔬倒入豆腐脑中就可以食用。

儿科医生妈妈贴士

1. 豆浆过滤之后做出的豆腐脑才光滑有弹性。
2. 注意适量食用，如果一次食用过多，过量的钙会影响铁的吸收，过多的蛋白质可能会导致腹胀腹泻等不适。

鸭肝 *Duck liver*

鸭肝是补充维生素A和铁的理想食物来源。肝脏作为动物体内重要的代谢器官，重金属、环境污染物、药物（抗生素）残留确实会比动物的肉类高，可以选择生长周期较短的动物肝脏（*污染物等蓄积相对较少*），比如，鸡肝、鸭肝，而且口感相对细腻。如果能够找到安全的食材，可以给1岁前的宝宝用鸭肝配菜，因为鸭肝的铁和维生素A的含量都很高。考虑风险和收益，建议一周吃两次肝脏，每次20～25g，再配合上营养米粉等其他食物，基本能够满足日常铁、维生素A的需要了。

鸭肝的营养成分			
成分	含量	成分	含量
食部/%	100	尼克酸/mg	6.9
水分/g	76.3	维生素C/mg	18
能量/kcal	128	维生素E/mg	1.41
蛋白质/g	14.5	钙/mg	18
脂肪/g	7.5	磷/mg	283
碳水化合物/g	0.5	钾/mg	230
不溶性纤维/g	—	钠/mg	87.2
胆固醇/mg	341	镁/mg	18
灰分/g	1.2	铁/mg	23.1
总维生素A/μgRE	1040	锌/mg	3.08
胡萝卜素/μg	—	硒/μg	57.27
视黄醇/μg	1040	铜/mg	1.31
硫胺素（维生素B_1）/mg	0.26	锰/mg	0.28
核黄素（维生素B_2）/mg	1.05		

以上数据整理自《中国食物成分表》2009版第一册，2004版第二册。

彩蔬鸭肝羹

🍼 适合月龄：满 9 月 +　　　🍳 难度：⭐⭐　　　🕐 时间：15 分钟

细嚼期（满 9 ~ 10 月龄）P₅₀ 体重孩子的配餐之一，图中质地和分量可做参考，可以根据宝宝的实际情况酌情调整。

咀嚼期（满 11 ~ 12 月龄）P₅₀ 体重孩子的配餐之一，图中质地和分量可做参考，可以根据宝宝的实际情况酌情调整。

◎ 食材准备

细嚼期（推荐比例）：鸭肝 25g、去皮胡萝卜 10g、西兰花 10g、黄甜椒 5g、去皮红番茄 5g、芝麻油 1g、水适量、淀粉适量

◎ 制作步骤

1. 去皮胡萝卜、西兰花、黄甜椒、去皮红番茄和鸭肝，洗净，焯水，捞出，分别切块，细嚼期切成 5mm 左右碎块 / 咀嚼期切成 10mm 左右小块。
2. 锅内放适量水，煮沸之后先放入鸭肝翻煮 2 分钟，然后放入彩蔬翻滚至烂。
3. 加入加水的淀粉勾芡，再次煮沸之后加入芝麻油即可。
4. 取适合宝宝的量。

儿科医生妈妈贴士

1. 如果宝宝不喜欢肝脏的腥味，可以加入适量的葱姜蒜等食材同煮来去味。注意，1 岁前不要用盐、酒、醋等调料调味。
2. 为了确保使用安全，肝脏务必煮熟炒透，直到完全灰褐色看不到血丝。

甜椒炒鸭肝

适合月龄：满9月+　　难度：★★　　时间：10分钟

细嚼期（满 9 ~ 10 月龄）P₅₀ 体重孩子的配餐之一，图中质地和分量可做参考，可以根据宝宝的实际情况酌情调整。

咀嚼期（满 11 ~ 12 月龄）P₅₀ 体重孩子的配餐之一，图中质地和分量可做参考，可以根据宝宝的实际情况酌情调整。

◎ 食材准备

细嚼期（推荐比例）：鸭肝 25g、黄甜椒 10g、亚麻籽油 1g

◎ 制作步骤

1. 黄甜椒、鸭肝洗净，焯水，捞出，分别切块，细嚼期切成 5mm 左右碎块 / 咀嚼期切成 10mm 左右小块。
2. 炒锅热锅后倒入亚麻籽油，先放入鸭肝翻炒变色，再放入甜椒一起翻炒至熟即可。
3. 取适合宝宝的量。

儿科医生妈妈贴士

1. 肝脏不能过度翻炒，容易很快变老。
2. 鸭肝含铁丰富，而甜椒中丰富的维生素 C 能够更好地促进铁的吸收。

鸭血（白鸭）Duck blood

　　鸭血俗称血豆腐，是补铁的良好食材。动物血中的蛋白质含量与动物的肉类基本接近，脂肪含量远低于动物的肉类，而铁含量远高于动物的肉类，且都是易被人体吸收利用的血红素铁。虽然血豆腐制作工艺中有加（钠）盐，但算不上高钠食物。常见3种血豆腐，鸭血、鸡血、猪血，蛋白质含量都差不多，铁含量鸭血最高，鸡血次之，猪血最低。

鸭血（白鸭）的营养成分			
成分	含量	成分	含量
食部/%	100	尼克酸/mg	—
水分/g	72.6	维生素C/mg	—
能量/kcal	108	维生素E/mg	0.34
蛋白质/g	13.6	钙/mg	5
脂肪/g	0.4	磷/mg	87
碳水化合物/g	12.4	钾/mg	166
不溶性纤维/g	—	钠/mg	173.6
胆固醇/mg	95	镁/mg	8
灰分/g	1	铁/mg	30.5
总维生素A/μgRE	—	锌/mg	0.5
胡萝卜素/μg	—	硒/μg	—
视黄醇/μg	—	铜/mg	0.06
硫胺素（维生素B_1）/mg	0.06	锰/mg	0.14
核黄素（维生素B_2）/mg	0.06		

以上数据整理自《中国食物成分表》2009版第一册，2004版第二册。

彩蔬鸭血羹

适合月龄：满 9 月 +　　难度：桃桃　　时间：15 分钟

细嚼期（满 9 ~ 10 月龄）P₅₀ 体重孩子的配餐之一，图中质地和分量可做参考，可以根据宝宝的实际情况酌情调整。

咀嚼期（满 11 ~ 12 月龄）P₅₀ 体重孩子的配餐之一，图中质地和分量可做参考，可以根据宝宝的实际情况酌情调整。

◎ 食材准备

细嚼期（推荐比例）：鸭血 25g、去皮胡萝卜 10g、西兰花 10g、黄甜椒 5g、去皮红番茄 5g、
　　　　　　　　　　芝麻油 1g、水适量、淀粉适量

◎ 制作步骤

1. 去皮胡萝卜、西兰花、黄甜椒、去皮红番茄，洗净，焯水，捞出，分别切块，细嚼期切成 5mm 左右碎块 / 咀嚼期切成 10mm 左右小块。

2. 鸭血洗净，焯水，捞出，切块，细嚼期切成 5mm 左右碎块 / 咀嚼期切成 10mm 左右小块。

3. 锅内放适量水，煮沸之后先放入鸭血翻滚 2 分钟，然后放入彩蔬翻滚至烂。

4. 加入加水的淀粉勾芡，再次煮沸之后加入芝麻油即可。

5. 取适合宝宝的量。

儿科医生妈妈贴士

1. 鸭血烹饪之前可以泡水保持形状，即使经过汆烫之后也要泡在水中，否则容易因为脱水变得干缩。

2. 勾芡可以让菜肴的色泽变得更加鲜艳，口感变得更加细滑，可以增加宝宝食欲。

双色豆腐

🍼 适合月龄：满 9 月 +　　　👨‍🍳 难度：★★　　　🕐 时间：10 分钟

细嚼期（满 9 ~ 10 月龄）P₅₀ 体重孩子的配餐之一，图中质地和分量可做参考，可以根据宝宝的实际情况酌情调整。

咀嚼期（满 11 ~ 12 月龄）P₅₀ 体重孩子的配餐之一，图中质地和分量可做参考，可以根据宝宝的实际情况酌情调整。

◎ 食材准备

细嚼期（推荐比例）：鸭血 25g、豆腐 10g、芝麻油 1g、水适量、香葱碎适量

◎ 制作步骤

1. 豆腐、鸭血洗净，焯水，捞出，细嚼期切成 5mm 左右碎块 / 咀嚼期切成 10mm 左右小块。

2. 锅内放适量水，煮沸之后放入豆腐和鸭血翻煮 3 分钟，关火加入芝麻油，撒上切碎的香葱即可。

3. 取适合宝宝的量。

儿科医生妈妈贴士

1. 宝宝可能喜欢浓稠的汤汁，可以最后加入水淀粉勾个薄芡。

2. 常见的动物血，鸭血的铁含量最高，加之口感细腻，所以优先选择鸭血做汤羹。

奶酪 *Cheese*

奶酪又名乳酪、干酪，是补钙的良好食材。1千克奶酪需要10千克牛奶浓缩而成，富含蛋白质、脂肪、钙、磷等营养成分。奶酪是经过发酵的牛奶制品，不仅保留了牛奶的全部营养成分，还含有健康的乳酸菌。天然奶酪在发酵的过程中，乳糖被一定程度分解，牛奶蛋白被部分水解，比起牛奶不容易引起乳糖不耐受和牛奶蛋白过敏。虽然制作工艺中有加（钠）盐，但算不上高钠食物。选购时，我们需要考察一下奶酪的"钙钠比值"，成分表中的含钙量除以成分表中的含钠量，比值越大说明摄入等量钠的同时摄入了更多的钙。

奶酪的营养成分			
成分	含量	成分	含量
食部/%	100	尼克酸/mg	0.6
水分/g	43.5	维生素C/mg	—
能量/kcal	328	维生素E/mg	0.6
蛋白质/g	25.7	钙/mg	799
脂肪/g	23.5	磷/mg	326
碳水化合物/g	3.5	钾/mg	75
不溶性纤维/g	—	钠/mg	584.6
胆固醇/mg	11	镁/mg	57
灰分/g	3.8	铁/mg	2.4
总维生素A/μgRE	152	锌/mg	6.97
胡萝卜素/μg		硒/μg	1.5
视黄醇/μg	152	铜/mg	0.13
硫胺素（维生素B$_1$）/mg	0.06	锰/mg	0.16
核黄素（维生素B$_2$）/mg	0.91		

以上数据整理自《中国食物成分表》2009版第一册，2004版第二册。

甜椒肉丁焗面

适合月龄：满 11 月 +

难度：★★★

时间：20 分钟

咀嚼期（满 11 ～ 12 月龄）P$_{50}$体重孩子的配餐之一，图中质地和分量可做参考，可以根据宝宝的实际情况酌情调整。

◎ 食材准备

咀嚼期（推荐比例）：中筋面粉 25g、甜椒 10g、猪肉 10g、奶酪 5g、亚麻籽油 1g、水适量

◎ 制作步骤

1. 中筋面粉加适量水，用手揉成不粘手的面团，将面团用布盖好放在温暖处醒 10 分钟。

2. 用擀面杖将面团擀成 5mm 左右厚度的大面片，然后用刀切成 5mm 左右宽度的面条，细嚼期切成 10mm 左右小段 / 咀嚼期切成 30mm 左右小段。

3. 锅内放适量水，煮沸后放入面条，煮熟，捞出，用凉白开冲一遍，沥干，放入烤碗。

4. 甜椒、猪肉清净，分别切块，细嚼期切成 5mm 左右碎块 / 咀嚼期切成 10mm 左右小块。

5. 炒锅热锅后放入亚麻籽油，先放入猪肉翻炒至变色，再放入甜椒一起翻炒片刻，装入烤碗。

6. 奶酪切丝，先将甜椒肉丁倒在面条上，再把切丝的奶酪均匀洒在表面。

7. 预热烤箱，上下火 180 度 5 分钟。然后把烤碗放入烤箱烤 5 分钟左右，直到表面的奶酪变成金黄色即可。

8. 取适合宝宝的量。

儿科医生妈妈贴士

1. 可以根据宝宝的喜好和咀嚼能力适当调整食材。
2. 要给宝宝合适大小和质地的食材，以免宝宝发生呛咳噎食。

酸奶 Yogurt

　　酸奶是补钙的良好食材。酸奶是经过发酵的牛奶制品，不仅保留了牛奶的全部营养成分，还含有健康的乳酸菌。在发酵过程中乳酸菌还可以产生人体营养所需的多种维生素，如维生素B_1、维生素B_2、维生素B_6、维生素B_{12}等。天然奶酪在发酵的过程中，乳糖被一定程度分解，牛奶蛋白被部分水解，比起牛奶不容易引起乳糖不耐受和牛奶蛋白过敏。

酸奶的营养成分			
成分	含量	成分	含量
食部/%	100	尼克酸/mg	0.2
水分/g	84.7	维生素C/mg	1
能量/kcal	72	维生素E/mg	0.12
蛋白质/g	2.5	钙/mg	118
脂肪/g	2.7	磷/mg	85
碳水化合物/g	9.3	钾/mg	150
不溶性纤维/g	—	钠/mg	39.8
胆固醇/mg	15	镁/mg	12
灰分/g	0.8	铁/mg	0.4
总维生素A/μgRE	26	锌/mg	0.53
胡萝卜素/μg	—	硒/μg	1.71
视黄醇/μg	26	铜/mg	0.03
硫胺素（维生素B_1）/mg	0.03	锰/mg	0.02
核黄素（维生素B_2）/mg	0.15		

以上数据整理自《中国食物成分表》2009版第一册，2004版第二册。

酸奶溶豆

🍼 适合月龄：满 10 月 +　　👨‍🍳 难度：😊😊😊😊　　⏱ 时间：80 分钟

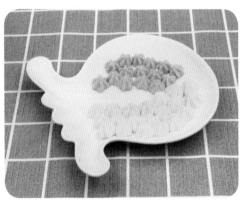

细嚼期（满 9 ~ 10 月龄）P₅₀ 体重孩子的配餐之一，图中质地和分量可做参考，可以根据宝宝的实际情况酌情调整。

◎ 食材准备

细嚼期（推荐比例）：蛋白 50g、酸奶 30g、奶粉 25g、玉米淀粉 12g、白砂糖 5g、柠檬汁 2 滴

◎ 制作步骤

1. 将酸奶、奶粉及玉米淀粉混合，搅拌均匀备用。
2. 蛋白放入无水无油的盆中，加入 2 滴柠檬汁用电动打蛋器打发至有鱼眼泡。
3. 放入 5g 白砂糖继续打发至硬性发泡，提起打蛋头蛋白霜可以直立。
4. 预热烤箱，上下火 100℃ 5 分钟。将蛋白霜分三次和酸奶糊翻拌均匀，装入一次性裱花袋。
5. 烤盘上铺上一层烘焙纸，将裱花袋中的蛋白霜快速挤出，然后将烤盘放入烤箱，上火 100 度，下火 80 度烤制 60 分钟。
6. 取适合宝宝的量。

儿科医生妈妈贴士

1. 打蛋器具必须无水无油，否则会影响效果。
2. 如果溶豆可以从烘焙纸上轻松取下，代表溶豆已经烤熟。

红枣 Red jujube

红枣富含多种维生素、蛋白质、8种人体必需氨基酸以及磷、钙、铁等矿物质，还含有多糖类、核苷类等功能成分，是一种物美价廉的果品。红枣含铁，但含量不算太高，每100g鲜枣中含铁量只有1.2mg，每100g干枣中含铁量也只有2.3mg，而且非血红素铁的吸收率较低。不过鲜枣的维生素C含量很高，每100g鲜枣中含维生素C243mg，大约是橙子的7倍。

枣（干）的营养成分			
成分	含量	成分	含量
食部/%	80	尼克酸/mg	0.9
水分/g	26.9	维生素C/mg	14
能量/kcal	276	维生素E/mg	3.04
蛋白质/g	3.2	钙/mg	64
脂肪/g	0.5	磷/mg	51
碳水化合物/g	67.8	钾/mg	524
不溶性纤维/g	6.2	钠/mg	6.2
胆固醇/mg	—	镁/mg	36
灰分/g	1.6	铁/mg	2.3
总维生素A/μgRE	2	锌/mg	0.65
胡萝卜素/μg	10	硒/μg	1.02
视黄醇/μg	—	铜/mg	0.27
硫胺素（维生素B_1）/mg	0.04	锰/mg	0.39
核黄素（维生素B_2）/mg	0.16		

以上数据整理自《中国食物成分表》2009版第一册，2004版第二册。

枣泥山药糕

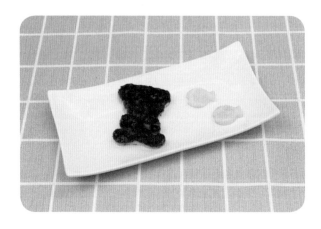

适合月龄：满 11 月 +

难度：

时间：35 分钟（10 份量时间）

咀嚼期（满 11 ~ 12 月龄）P_{50} 体重孩子的配餐之一，图中质地和分量可做参考，可以根据宝宝的实际情况酌情调整。

◎ 食材准备

咀嚼期（推荐比例）：去核红枣 10g、去皮山药 5g、低筋面粉 5g

◎ 制作步骤

1. 将去皮山药、去核红枣洗净，蒸锅内放适量水，放入山药和红枣一起蒸 20 分钟。
2. 蒸好的红枣切碎，放入辅食机搅打成泥状，装盘备用。
3. 用研磨碗将山药也研磨成泥，取出后，和面粉一起搅拌均匀，放入蒸锅蒸 5 分钟。
4. 取模具，依次放入山药面粉泥、红枣泥，脱模即可。
5. 取适合宝宝的量。

儿科医生妈妈贴士

1. 山药洗净切片后需立即浸泡在清水中，防止其氧化发黑。
2. 蒸山药的碗，最好先抹点油防止粘底。
3. 山药尽量选择铁棍山药，它的含水量低，做出来的口感更粉糯。

第二节 春季常见食材的辅食添加攻略

番茄 Tomato

番茄又叫西红柿，是一种水分很高热量很低的蔬菜，含有丰富的维生素A、维生素B$_1$、维生素B$_2$、维生素C以及番茄红素和钾、磷、钙等矿物质。番茄红素是一种强效的抗氧化剂、抗炎剂和抗癌剂，番茄是番茄红素最丰富的来源，油脂可以提高番茄红素的吸收。未成熟的青番茄含有龙葵碱，加热也不能破坏这种毒素，所以一定要选择成熟的番茄。

番茄的营养成分			
成分	含量	成分	含量
食部/%	97	尼克酸/mg	0.6
水分/g	94.4	维生素C/mg	19
能量/kcal	20	维生素E/mg	0.57
蛋白质/g	0.9	钙/mg	10
脂肪/g	0.2	磷/mg	23
碳水化合物/g	4	钾/mg	163
不溶性纤维/g	0.5	钠/mg	5
胆固醇/mg	—	镁/mg	9
灰分/g	0.5	铁/mg	0.4
总维生素A/μgRE	92	锌/mg	0.13
胡萝卜素/μg	550	硒/μg	0.15
视黄醇/μg	—	铜/mg	0.06
硫胺素（维生素B$_1$）/mg	0.03	锰/mg	0.08
核黄素（维生素B$_2$）/mg	0.03		

以上数据整理自《中国食物成分表》2009版第一册，2004版第二册。

罗宋汤

🍼 适合月龄：满 9 月 +　　　💬 难度：初级　　　🕐 时间：15 分钟

细嚼期（满 9 ~ 10 月龄）P₅₀ 体重孩子的配餐之一，图中质地和分量可做参考，可以根据宝宝的实际情况酌情调整。

咀嚼期（满 11 ~ 12 月龄）P₅₀ 体重孩子的配餐之一，图中质地和分量可做参考，可以根据宝宝的实际情况酌情调整。

◎ 食材准备

细嚼期（推荐比例）：去皮红番茄 10g、去皮土豆 10g、芝麻油 1g、水适量

◎ 制作步骤

1. 去皮红番茄、去皮土豆洗净，焯水，捞出，分别切块，细嚼期切成 5mm 左右碎块 / 咀嚼期切成 10mm 左右小块。
2. 锅内放适量水，煮沸后放入红番茄和土豆，小火煮烂，最后加入芝麻油即可。
3. 取适合宝宝的量。

儿科医生妈妈贴士

1. 罗宋汤酸中带甜，非常适合小宝宝吃，如果宝宝喜欢还可以作为汤底。
2. 炖到最后的时候，可以用勺子把土豆都碾碎，这样汤更浓一些。

蘑菇 Mushroom

蘑菇是一种常见的食用菌，含有丰富的蛋白质、维生素、矿物质和膳食纤维等营养素，可以为素食者提供较好的蛋白质。蘑菇中富含硒、谷胱甘肽、麦角硫因等营养物质，作为抗氧化剂可以减缓机体氧化性应激压力。蘑菇中的膳食纤维主要为蘑菇多糖，具有抗病毒、抗肿瘤、调节免疫功能和刺激干扰素形成等作用。

蘑菇的营养成分			
成分	含量	成分	含量
食部/%	99	尼克酸/mg	4
水分/g	92.4	维生素C/mg	2
能量/kcal	24	维生素E/mg	0.56
蛋白质/g	2.7	钙/mg	6
脂肪/g	0.1	磷/mg	94
碳水化合物/g	4.1	钾/mg	312
不溶性纤维/g	2.1	钠/mg	8.3
胆固醇/mg	—	镁/mg	11
灰分/g	0.7	铁/mg	1.2
总维生素A/μgRE	2	锌/mg	0.92
胡萝卜素/μg	10	硒/μg	0.55
视黄醇/μg	—	铜/mg	0.49
硫胺素（维生素B$_1$）/mg	0.08	锰/mg	0.11
核黄素（维生素B$_2$）/mg	0.35		

以上数据整理自《中国食物成分表》2009版第一册，2004版第二册。

蘑菇浓汤

🌸 适合月龄：满9月+   难度：☺☺   ⏱ 时间：15分钟

细嚼期（满9～10月龄）P₅₀体重孩子的配餐之一，图中质地和分量可做参考，可以根据宝宝的实际情况酌情调整。

咀嚼期（满11～12月龄）P₅₀体重孩子的配餐之一，图中质地和分量可做参考，可以根据宝宝的实际情况酌情调整。

◎ 食材准备

细嚼期（推荐比例）：蘑菇15g、牛肉15g、中筋面粉5g、奶酪5g、水适量

◎ 制作步骤

1. 蘑菇、牛肉洗净，焯水，捞出，分别切块，细嚼期切成5mm左右碎块/咀嚼期切成10mm左右小块。

2. 锅内放适量水，煮沸之后先放入蘑菇翻滚2分钟，然后放入牛肉翻煮。

3. 中筋面粉加入适量水混合，倒入汤内翻煮，煮沸后放入奶酪，关小火煮至黏稠即可。

4. 取适合宝宝的量。

儿科医生妈妈贴士

1. 也可以将蘑菇、牛肉放入辅食机打成泥再烹煮，口感会更细腻。
2. 搅拌成浓汤时，如果汤汁剩下太少而使浓汤过稠，可以根据情况加适量开水再搅拌均匀即可。

黄瓜 Cucumber

黄瓜是一种水分很高热量很低的蔬菜，含有丰富的蛋白质、维生素（尤其是维生素E和维生素K）、矿物质（尤其是钾）和膳食纤维等营养素。黄瓜中的膳食纤维素可以促进肠道蠕动，丙醇二酸可以抑制糖类转化成为脂肪，所以经常被用来作为减肥食品。黄瓜切片暴露在空气中，维生素C随着水分流失损失也会很快。

黄瓜的营养成分			
成分	含量	成分	含量
食部/%	92	尼克酸/mg	0.2
水分/g	95.8	维生素C/mg	9
能量/kcal	16	维生素E/mg	0.49
蛋白质/g	0.8	钙/mg	24
脂肪/g	0.2	磷/mg	24
碳水化合物/g	2.9	钾/mg	102
不溶性纤维/g	0.5	钠/mg	4.9
胆固醇/mg	—	镁/mg	15
灰分/g	0.3	铁/mg	0.5
总维生素A/μgRE	15	锌/mg	0.18
胡萝卜素/μg	90	硒/μg	0.38
视黄醇/μg	—	铜/mg	0.05
硫胺素（维生素B$_1$）/mg	0.02	锰/mg	0.06
核黄素（维生素B$_2$）/mg	0.03		

以上数据整理自《中国食物成分表》2009版第一册，2004版第二册。

黄瓜鸡蛋条

适合月龄：满 11 月 +

难度：👨‍🍳 👨‍🍳 👨‍🍳

时间：35 分钟（5份量时间）

咀嚼期（满 11～12 月龄）P$_{50}$ 体重孩子的配餐之一，图中质地和分量可做参考，可以根据宝宝的实际情况酌情调整。

◎ 食材准备

咀嚼期（推荐比例）：去皮黄瓜 10g、鸡蛋液 20g、淀粉适量

本次取 5 份的量：去皮黄瓜 50g、鸡蛋 100g、淀粉适量

◎ 制作步骤

1. 去皮黄瓜洗净，切成丝，装盘备用。
2. 打散鸡蛋，放入黄瓜丝和淀粉搅拌均匀成糊状。
3. 取长方形碗一个，底下铺上一层保鲜膜，倒入黄瓜鸡蛋糊，碗上覆盖保鲜膜，用牙签插破几个小洞。
4. 蒸锅内放水烧开，放入长方形碗，中火蒸 20 分钟左右即可。
5. 蒸熟之后，脱模，切条，取出其中五分之一份，约为适合宝宝的量。

儿科医生妈妈贴士

1. 糊倒入碗内不要超过 8 分满，因为鸡蛋蒸好以后会鼓起来。
2. 这是一款不错的宝宝手指食物。
3. 加入黄瓜丝口感清新，也可以根据喜好选择放其他蔬菜丝。

卷心菜 Cabbage

卷心菜又叫洋白菜、包菜，属于十字花科蔬菜，含有丰富的蛋白质、维生素（尤其是维生素C和维生素K）、矿物质和膳食纤维等营养素。经常吃十字花科蔬菜的人心血管疾病和肿瘤的发生风险都较低。

卷心菜的营养成分			
成分	含量	成分	含量
食部/%	86	尼克酸/mg	0.4
水分/g	93.2	维生素C/mg	40
能量/kcal	24	维生素E/mg	0.5
蛋白质/g	1.5	钙/mg	49
脂肪/g	0.2	磷/mg	26
碳水化合物/g	4.6	钾/mg	124
不溶性纤维/g	1	钠/mg	27.2
胆固醇/mg	—	镁/mg	12
灰分/g	0.5	铁/mg	0.6
总维生素A/μgRE	12	锌/mg	0.25
胡萝卜素/μg	70	硒/μg	0.96
视黄醇/μg	—	铜/mg	0.04
硫胺素（维生素B$_1$）/mg	0.03	锰/mg	0.18
核黄素（维生素B$_2$）/mg	0.03		

以上数据整理自《中国食物成分表》2009版第一册，2004版第二册。

五彩春卷

适合月龄：满 11 月 +

难度：👨‍🍳👨‍🍳👨‍🍳👨‍🍳

时间：45 分钟

咀嚼期（满 11 ~ 12 月龄）P₅₀ 体重孩子的配餐之一，图中质地和分量可做参考，可以根据宝宝的实际情况酌情调整。

◎ 食材准备

咀嚼期（推荐比例）：鸡蛋液 15g、中筋面粉 15g、去皮胡萝卜 10g、卷心菜 10g、水 10g

◎ 制作步骤

1. 将中筋面粉和水混合搅拌成面团，面团成黏稠酸奶状后，继续搅拌到上劲，感觉有点吃力（盖上保鲜膜，醒半个小时左右）。
2. 煎锅热锅后，将面团拿在手心，快速在锅底擦一圈，当边缘翘起时即可将饼皮轻松取下。
3. 按照步骤 2 将面团都做成饼皮，装盘备用。
4. 将去皮胡萝卜、卷心菜洗净，焯熟，咀嚼期切成宽 10mm 左右长条。
5. 煎锅热锅后倒入鸡蛋液，煎熟后取出，切丝，咀嚼期切成宽 10mm 左右长条。
6. 取一张饼皮，放上胡萝卜丝、卷心菜丝、鸡蛋丝，两边卷起后，最后沾少许水封边。
7. 取适合宝宝的量。

儿科医生妈妈贴士

1. 如果不会做春卷皮的妈妈也可以尝试使用馄饨皮蒸熟或者购买市售春卷皮。
2. 卷好的饼皮可以放在冰箱冷藏，吃的时候再现吃现煎即可。

第三节 夏季常见食材的辅食添加攻略

甜椒 *Pepper*

甜椒又叫柿子椒，含有丰富的维生素、矿物质和膳食纤维等营养素，尤其是维生素C和β-胡萝卜素的含量非常丰富。甜椒维生素C的含量甚至远高于一些柑橘类水果，因为颜色亮丽清甜爽口，几乎没有辣味，非常适合凉拌配菜生吃。

甜椒的营养成分			
成分	含量	成分	含量
食部/%	82	尼克酸/mg	0.9
水分/g	93	维生素C/mg	72
能量/kcal	25	维生素E/mg	0.59
蛋白质/g	1	钙/mg	14
脂肪/g	0.2	磷/mg	20
碳水化合物/g	5.4	钾/mg	142
不溶性纤维/g	1.4	钠/mg	3.3
胆固醇/mg	—	镁/mg	12
灰分/g	0.4	铁/mg	0.8
总维生素A/μgRE	57	锌/mg	0.19
胡萝卜素/μg	340	硒/μg	0.38
视黄醇/μg	—	铜/mg	0.09
硫胺素（维生素B_1）/mg	0.03	锰/mg	0.12
核黄素（维生素B_2）/mg	0.03		

以上数据整理自《中国食物成分表》2009版第一册，2004版第二册。

甜椒炒肉丁

👕 适合月龄：满 9 月 +　　　🍳 难度：★★　　　⏱ 时间：15 分钟

细嚼期（满 9 ~ 10 月龄）P₅₀ 体重孩子的配餐之一，图中质地和分量可做参考，可以根据宝宝的实际情况酌情调整。

咀嚼期（满 11 ~ 12 月龄）P₅₀ 体重孩子的配餐之一，图中质地和分量可做参考，可以根据宝宝的实际情况酌情调整。

◎ 食材准备

细嚼期（推荐比例）：猪肉 15g、去籽甜椒 10g、亚麻籽油 1g

◎ 制作步骤

1. 去籽甜椒、猪肉洗净，焯水，捞出，分别切块，细嚼期切成 5mm 左右碎块 / 咀嚼期切成 10mm 左右小块。

2. 炒锅热锅后倒入亚麻籽油，先放入猪肉翻炒至变色后，再放入甜椒一起翻炒片刻即可。

3. 取适合宝宝的量。

儿科医生妈妈贴士

1. 甜椒的颜色种类很多，但营养成分大致相同，可以根据孩子的喜好选择。

2. 这是一道快手菜，特别适合上班族妈妈。

土豆 Potato

　　土豆又叫马铃薯，含有丰富的淀粉、蛋白质、维生素、矿物质和膳食纤维等营养素，尤其是维生素C和钾元素的含量非常丰富。土豆是一种高钾低钠食材，土豆中钾元素的含量甚至超过香蕉，是种超级富含钾的食物。土豆的维生素C含量与柑橘类水果相当，在烹制过程中有了淀粉保护，维生素C的损失较少。土豆既是蔬菜又是主食，抗性淀粉高，饱腹感很强。需要注意，土豆发芽之后含有大量龙葵素容易发生食物中毒。

土豆的营养成分			
成分	含量	成分	含量
食部/%	94	尼克酸/mg	1.1
水分/g	79.8	维生素C/mg	27
能量/kcal	77	维生素E/mg	0.34
蛋白质/g	2	钙/mg	8
脂肪/g	0.2	磷/mg	40
碳水化合物/g	17.2	钾/mg	342
不溶性纤维/g	0.7	钠/mg	2.7
胆固醇/mg	—	镁/mg	23
灰分/g	0.8	铁/mg	0.8
总维生素A/μgRE	5	锌/mg	0.37
胡萝卜素/μg	30	硒/μg	0.78
视黄醇/μg	—	铜/mg	0.12
硫胺素（维生素B$_1$）/mg	0.08	锰/mg	0.14
核黄素（维生素B$_2$）/mg	0.04		

以上数据整理自《中国食物成分表》2009版第一册，2004版第二册。

土豆浓汤

🍼 适合月龄：满 9 月 +　　　💬 难度：★★　　　⏰ 时间：15 分钟

细嚼期（满 9 ~ 10 月龄）P₅₀ 体重孩子的配餐之一，图中质地和分量可做参考，可以根据宝宝的实际情况酌情调整。

咀嚼期（满 11 ~ 12 月龄）P₅₀ 体重孩子的配餐之一，图中质地和分量可做参考，可以根据宝宝的实际情况酌情调整。

◎ 食材准备

细嚼期（推荐比例）：去皮土豆 15g、牛肉 15g、中筋面粉 5g、奶酪 5g、水适量

◎ 制作步骤

1. 去皮土豆、牛肉洗净，焯水，捞出，分别切块，细嚼期切成 5mm 左右碎块 / 咀嚼期切成 10mm 左右小块。

2. 锅内放适量水，煮沸后先放入土豆小火翻煮至汤浓，然后放入牛肉小火翻煮 2 分钟至软。

3. 将中筋面粉加入适量水混合，倒入锅内，不断搅拌，然后放入奶酪，小火煮至黏稠即可。

4. 取适合宝宝的量。

儿科医生妈妈贴士

1. 不要购买出牙、变绿的土豆，含有毒的生物碱，会导致人中毒。

2. 喜欢细腻口感的宝宝，家长也可以把土豆搅打成泥后再放入汤中同煮。

土豆虾球

🎀 适合月龄：满 11 月 +

🍳 难度：长长长

⏰ 时间：25 分钟

咀嚼期（满 11 ~ 12 月龄）P$_{50}$ 体重孩子的配餐之一，图中质地和分量可做参考，可以根据宝宝的实际情况酌情调整。

◎ 食材准备

咀嚼期（推荐比例）：鲜虾 15g、去皮土豆 10g、中筋面粉 10g

◎ 制作步骤

1. 鲜虾洗净，去头，剥壳，除虾线，保留虾尾，虾仁和虾尾焯熟，捞出。
2. 土豆洗净，煮烂（或者蒸熟），捞出。
3. 土豆压成泥，虾仁剁成泥，混合之后放入面粉搅拌均匀。
4. 将面团揉成 3 个小球，插上虾尾。
5. 蒸锅放水烧开，放入蒸锅，中火蒸 5 分钟左右。
6. 取适合宝宝的量。

儿科医生妈妈贴士

1. 土豆泥中可以加点土豆淀粉，揉的时候就不容易散。
2. 虾尾仅仅作为装饰用途，宝宝食用时需去除。

油菜 Rape

油菜又叫油白菜、苦菜，属于十字花科蔬菜，经常吃十字花科蔬菜的人心血管疾病和肿瘤的发生风险都较低。油菜含有丰富的维生素、矿物质和膳食纤维等营养素，尤其是钙元素的含量非常丰富。每100g油菜含约108mg的钙，相当于100g牛奶的含钙量，研究发现油菜中的钙吸收率不算低，除了奶制品、豆制品之外，油菜等绿叶蔬菜也是钙的良好食物来源。

油菜的营养成分			
成分	含量	成分	含量
食部/%	87	尼克酸/mg	0.7
水分/g	92.9	维生素C/mg	36
能量/kcal	25	维生素E/mg	0.88
蛋白质/g	1.8	钙/mg	108
脂肪/g	0.5	磷/mg	39
碳水化合物/g	3.8	钾/mg	210
不溶性纤维/g	1.1	钠/mg	55.8
胆固醇/mg	—	镁/mg	22
灰分/g	1	铁/mg	1.2
总维生素A/μgRE	103	锌/mg	0.33
胡萝卜素/μg	620	硒/μg	0.79
视黄醇/μg	—	铜/mg	0.06
硫胺素（维生素B$_1$）/mg	0.04	锰/mg	0.23
核黄素（维生素B$_2$）/mg	0.11		

以上数据整理自《中国食物成分表》2009版第一册，2004版第二册。

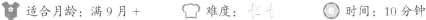

油菜豆腐汤

👕 适合月龄：满 9 月 +　　　👨‍🍳 难度：⭐　　　⏱ 时间：10 分钟

细嚼期（满 9 ~ 10 月龄）P$_{50}$ 体重孩子的配餐之一，图中质地和分量可做参考，可以根据宝宝的实际情况酌情调整。

咀嚼期（满 11 ~ 12 月龄）P$_{50}$ 体重孩子的配餐之一，图中质地和分量可做参考，可以根据宝宝的实际情况酌情调整。

◎ 食材准备

细嚼期（推荐比例）：油菜 10g、豆腐 10g、芝麻油 1g、水适量

◎ 制作步骤

1. 油菜、豆腐洗净，焯水，分别切块，细嚼期切成 5mm 左右碎块 / 咀嚼期切成 10mm 左右小块。

2. 锅内放适量水，煮沸后先放入豆腐翻煮 2 分钟，然后放入油菜再次煮沸，关火加入芝麻油即可。

3. 取适合宝宝的量。

儿科医生妈妈贴士

1. 豆腐和油菜不要同时入锅，豆腐多炖一会更入味。

2. 选择北豆腐或者嫩豆腐都可以。

丝瓜 Sponge gourd

　　丝瓜又称吊瓜，是一种水分很高热量很低的蔬菜，含有丰富的蛋白质、碳水化合物、维生素、矿物质和膳食纤维等营养素。丝瓜含有大量水分、膳食纤维、植物黏液，可以促进排便维持肠道健康。丝瓜中的植化素（槲皮素、杨梅素、芹菜素）具有通畅血管的功能，芹菜素等具有一定的抗炎效果。

丝瓜的营养成分			
成分	含量	成分	含量
食部/%	83	尼克酸/mg	0.4
水分/g	94.3	维生素C/mg	5
能量/kcal	21	维生素E/mg	0.22
蛋白质/g	1	钙/mg	14
脂肪/g	0.2	磷/mg	29
碳水化合物/g	4.2	钾/mg	115
不溶性纤维/g	0.6	钠/mg	2.6
胆固醇/mg	—	镁/mg	11
灰分/g	0.3	铁/mg	0.4
总维生素A/μgRE	15	锌/mg	0.21
胡萝卜素/μg	90	硒/μg	0.86
视黄醇/μg	—	铜/mg	0.06
硫胺素（维生素B_1）/mg	0.02	锰/mg	0.06
核黄素（维生素B_2）/mg	0.04		

以上数据整理自《中国食物成分表》2009版第一册，2004版第二册。

丝瓜鱼茸羹

🍼 适合月龄：满 9 月 +　　　🍳 难度：　　　⏰ 时间：10 分钟

细嚼期（满 9 ~ 10 月龄）P₅₀ 体重孩子的配餐之一，图中质地和分量可做参考，可以根据宝宝的实际情况酌情调整。
咀嚼期（满 11 ~ 12 月龄）P₅₀ 体重孩子的配餐之一，图中质地和分量可做参考，可以根据宝宝的实际情况酌情调整。

◎ 食材准备

细嚼期（推荐比例）：去皮丝瓜 10g、鳕鱼 10g、芝麻油 1g、水适量

◎ 制作步骤

1. 去皮丝瓜、鳕鱼洗净，分别切块，细嚼期切成 5mm 左右碎块 / 咀嚼期切成 10mm 左右小块。

2. 锅内放适量水，煮沸后先放入丝瓜翻煮 2 分钟，然后放入鳕鱼煮熟，关火加入芝麻油即可。

3. 取适合宝宝的量。

儿科医生妈妈贴士

1. 丝瓜煮后会有稠稠的汁，不需要勾芡也会非常柔滑。
2. 鳕鱼的刺在煮之前就要去除，但喂给宝宝吃之前还要再检查一下。

149

冬瓜 *Chinese wax gourd*

冬瓜是一种水分很高热量很低的蔬菜，含有丰富的蛋白质、碳水化合物、维生素、矿物质和膳食纤维等营养素，尤其富含钾元素，属于典型的高钾低钠型蔬菜，特别适合做汤，非常适合需要低钠饮食的人群。

冬瓜的营养成分			
成分	含量	成分	含量
食部/%	80	尼克酸/mg	0.3
水分/g	96.6	维生素C/mg	18
能量/kcal	12	维生素E/mg	0.08
蛋白质/g	0.4	钙/mg	19
脂肪/g	0.2	磷/mg	12
碳水化合物/g	2.6	钾/mg	78
不溶性纤维/g	0.7	钠/mg	1.8
胆固醇/mg	—	镁/mg	8
灰分/g	0.2	铁/mg	0.2
总维生素A/μgRE	13	锌/mg	0.07
胡萝卜素/μg	80	硒/μg	0.22
视黄醇/μg	—	铜/mg	0.07
硫胺素（维生素B$_1$）/mg	0.01	锰/mg	0.03
核黄素（维生素B$_2$）/mg	0.01		

以上数据整理自《中国食物成分表》2009版第一册，2004版第二册。

冬瓜丸子汤

适合月龄：满 11 月 +

难度：想长

时间：15 分钟

咀嚼期（满 11 ~ 12 月龄）P$_{50}$ 体重孩子的配餐之一，图中质地和分量可做参考，可以根据宝宝的实际情况酌情调整。

◎ 食材准备

咀嚼期（推荐比例）：牛肉丸子 20g、去皮冬瓜 10g、水适量

◎ 制作步骤

1. 去皮冬瓜洗净，用挖球器挖成小球。

2. 锅内放适量水，煮沸后先放入去皮冬瓜煮至快烂时，再放入牛肉丸子煮 2 分钟，丸子浮起即可。

3. 给宝宝食用时，取适合宝宝的量。细嚼期切成 5mm 左右碎块 / 咀嚼期切成 10mm 左右小块。

儿科医生妈妈贴士

1. 冬瓜片很容易熟，不需要煮太久。
2. 丸子全部浮起即可关火。

第四节 秋季常见食材的辅食添加攻略

南瓜 *Pumpkin*

南瓜又叫倭瓜、番瓜，属于高升糖指数的蔬菜，含有丰富的淀粉、蛋白质、维生素、矿物质和膳食纤维等营养素，尤其富含钾元素，是一种高钾低钠型蔬菜。南瓜含有大量淀粉也能充当部分主食，但是升糖指数不低，糖尿病患者不宜多吃。南瓜含有丰富的膳食纤维则能够帮助肠道蠕动，预防便秘。南瓜含有丰富的类胡萝卜素，在体内可以转化成为维生素A，需要注意长期大量摄入可能出现"高胡萝卜素血症"（手掌、脚掌和面部的皮肤明显发黄，但巩膜不黄）。

南瓜的营养成分			
成分	含量	成分	含量
食部/%	85	尼克酸/mg	0.4
水分/g	93.5	维生素C/mg	8
能量/kcal	23	维生素E/mg	0.36
蛋白质/g	0.7	钙/mg	16
脂肪/g	0.1	磷/mg	24
碳水化合物/g	5.3	钾/mg	145
不溶性纤维/g	0.8	钠/mg	0.8
胆固醇/mg	—	镁/mg	8
灰分/g	0.4	铁/mg	0.4
总维生素A/μgRE	148	锌/mg	0.14
胡萝卜素/μg	890	硒/μg	0.46
视黄醇/μg	—	铜/mg	0.03
硫胺素（维生素B$_1$）/mg	0.03	锰/mg	0.08
核黄素（维生素B$_2$）/mg	0.04		

以上数据整理自《中国食物成分表》2009版第一册，2004版第二册。

南瓜浓汤

🏵 适合月龄：满9月+　　🍞 难度：担担　　⏰ 时间：15分钟

细嚼期（满9~10月龄）P₅₀体重孩子的配餐之一，图中质地和分量可做参考，可以根据宝宝的实际情况酌情调整。

咀嚼期（满11~12月龄）P₅₀体重孩子的配餐之一，图中质地和分量可做参考，可以根据宝宝的实际情况酌情调整。

◎ 食材准备

细嚼期（推荐比例）：去皮南瓜15g、牛肉15g、中筋面粉5g、奶酪5g、水适量

◎ 制作步骤

1. 去皮南瓜、牛肉洗净，牛肉焯水，捞出，切块，细嚼期切成5mm左右碎块/咀嚼期切成10mm左右小块。
2. 蒸锅内放水，放入南瓜大火蒸烂，取出，压成泥状。
3. 锅内放适量水，煮沸后放入南瓜泥翻滚2分钟，然后放入牛肉小火煮软。
4. 中筋面粉加入适量水混合，倒入锅内，不断搅拌，然后放入奶酪，小火煮至黏稠即可。
5. 取适合宝宝的量。

儿科医生妈妈贴士

1. 作为杂粮的一种，南瓜既低热量又高营养，既能当菜又能当主食。
2. 也可以将南瓜和牛肉放入辅食机一起打成泥再煮。

南瓜炒牛肉

👕 适合月龄：满9月+　　　💬 难度：👅👅　　　⏱ 时间：15分钟

细嚼期（满9~10月龄）P₅₀体重孩子的配餐之一，图中质地和分量可做参考，可以根据宝宝的实际情况酌情调整。

咀嚼期（满11~12月龄）P₅₀体重孩子的配餐之一，图中质地和分量可做参考，可以根据宝宝的实际情况酌情调整。

◎ 食材准备

细嚼期（推荐比例）：牛肉20g、去皮南瓜10g、亚麻籽油1g

◎ 制作步骤

1. 去皮南瓜、牛肉洗净，分别切块，细嚼期切成5mm左右碎块 / 咀嚼期切成10mm左右小块。

2. 炒锅热锅后倒入亚麻籽油，先放入牛肉翻炒至变色，然后放入南瓜一起翻炒至烂即可。

3. 取适合宝宝的量。

儿科医生妈妈贴士

1. 南瓜可以提前蒸一下，容易软烂。
2. 热锅凉油炒牛肉不容易老，口感更嫩滑。

山药 Yam

　　山药又叫淮山药、山芋，含有丰富的淀粉、蛋白质、维生素、矿物质和膳食纤维等营养素，因为含有大量淀粉也能充当部分主食。山药丰富的膳食纤维能够帮助肠道蠕动，预防便秘。山药中各种多糖成分可以调节人体免疫系统，有抗肿瘤、抗病毒、抗衰老等作用。

山药的营养成分			
成分	含量	成分	含量
食部/%	83	尼克酸/mg	0.3
水分/g	84.8	维生素C/mg	5
能量/kcal	57	维生素E/mg	0.24
蛋白质/g	1.9	钙/mg	16
脂肪/g	0.2	磷/mg	34
碳水化合物/g	12.4	钾/mg	213
不溶性纤维/g	0.8	钠/mg	18.6
胆固醇/mg	—	镁/mg	20
灰分/g	0.7	铁/mg	0.3
总维生素A/μgRE	3	锌/mg	0.27
胡萝卜素/μg	20	硒/μg	0.55
视黄醇/μg	—	铜/mg	0.24
硫胺素（维生素B$_1$）/mg	0.05	锰/mg	0.12
核黄素（维生素B$_2$）/mg	0.02		

以上数据整理自《中国食物成分表》2009版第一册，2004版第二册。

山药熘猪肝

🐻 适合月龄：满 9 月 +　　👨‍🍳 难度：★★　　⏱ 时间：10 分钟

细嚼期（满 9 ~ 10 月龄）P₅₀ 体重孩子的配餐之一，图中质地和分量可做参考，可以根据宝宝的实际情况酌情调整。
咀嚼期（满 11 ~ 12 月龄）P₅₀ 体重孩子的配餐之一，图中质地和分量可做参考，可以根据宝宝的实际情况酌情调整。

◎ 食材准备

细嚼期（推荐比例）：猪肝 20g、去皮山药 10g、亚麻籽油 1g

◎ 制作步骤

1. 去皮山药、猪肝洗净，焯水，捞出，分别切块，细嚼期切成 5mm 左右碎块 / 咀嚼期切成 10mm 左右小块。

2. 炒锅热锅后倒入亚麻籽油，先放入猪肝翻炒至变色后，再倒入山药一起翻炒至熟即可。

3. 取适合宝宝的量。

儿科医生妈妈贴士

1. 新鲜的猪肝不宜冷冻，不仅会损失营养，而且猪肝纤维会变大变粗，不适合宝宝食用。
2. 山药去皮之后要放入水中浸泡，以免氧化变黑。

秋葵 *Okra*

秋葵又叫黄秋葵、羊角豆，是一种营养价值较高的蔬菜，含有丰富的维生素、矿物质和膳食纤维等营养素。秋葵的钙含量与芹菜相当，钾含量与菠菜相当，维生素C含量与番茄相当。秋葵的膳食纤维是韭菜的2倍，远高于其他常见蔬菜，可以促进肠道蠕动，增加大便水分，利于排便缓解便秘。

秋葵的营养成分			
成分	含量	成分	含量
食部/%	88	尼克酸/mg	1
水分/g	86.2	维生素C/mg	4
能量/kcal	45	维生素E/mg	1.03
蛋白质/g	2	钙/mg	45
脂肪/g	0.1	磷/mg	65
碳水化合物/g	11	钾/mg	95
不溶性纤维/g	3.9	钠/mg	3.9
胆固醇/mg	—	镁/mg	29
灰分/g	0.7	铁/mg	0.1
总维生素A/μgRE	52	锌/mg	0.23
胡萝卜素/μg	310	硒/μg	0.51
视黄醇/μg	—	铜/mg	0.07
硫胺素（维生素B_1）/mg	0.05	锰/mg	0.28
核黄素（维生素B_2）/mg	0.09		

以上数据整理自《中国食物成分表》2009版第一册，2004版第二册。

秋葵炖蛋

适合月龄：满9月 +

难度：

时间：15 分钟

细嚼期（满 9 ~ 10 月龄）P_{50} 体重孩子的配餐之一，图中质地和分量可做参考，可以根据宝宝的实际情况酌情调整。

◎ 食材准备

细嚼期（推荐比例）：鸡蛋液 25g、温水 25g、秋葵 5g、芝麻油 1g

◎ 制作步骤

1. 秋葵洗净，切薄片，装盘备用。
2. 打散鸡蛋，倒入温水搅拌均匀，用网筛过筛去掉气泡。
3. 将切好的秋葵放在蛋液上面，盖上盖子。
4. 如果没有盖子可以用保鲜膜盖在碗上，用牙签戳几个小孔。
5. 蒸锅内放适量水，煮沸后将碗放入大火蒸 8 分钟，出锅前加入芝麻油即可。
6. 取适合宝宝的量。

儿科医生妈妈贴士

1. 记得一定要盖上保鲜膜或者加个盖蒸哦，这样蒸出来的鸡蛋才会又嫩又滑。
2. 炖蛋可以把秋葵的口感改善得更嫩且没有黏稠的感觉，同时炖蛋又会变得更加嫩滑鲜美。

胡萝卜 Carrot

胡萝卜属于高升糖指数的蔬菜，含有丰富的类胡萝卜素、维生素B$_1$、维生素B$_2$、维生素C、矿物质和膳食纤维等营养成分。胡萝卜中的类胡萝卜素含量远高于其他蔬菜水果，每100g胡萝卜合计约含13 400μg类胡萝卜素，主要为α-胡萝卜素（预防心脑血管疾病和癌症）、β-胡萝卜素（在人体内可以转化为维生素A，可用于预防维生素A缺乏症）、叶黄素、β-隐黄素等。

胡萝卜的营养成分			
成分	含量	成分	含量
食部/%	97	尼克酸/mg	0.2
水分/g	87.4	维生素C/mg	16
能量/kcal	46	维生素E/mg	—
蛋白质/g	1.4	钙/mg	32
脂肪/g	0.2	磷/mg	16
碳水化合物/g	10.2	钾/mg	193
不溶性纤维/g	1.3	钠/mg	25.1
胆固醇/mg	—	镁/mg	7
灰分/g	0.8	铁/mg	0.5
总维生素A/μgRE	668	锌/mg	0.14
胡萝卜素/μg	4010	硒/μg	2.8
视黄醇/μg	—	铜/mg	0.03
硫胺素（维生素B$_1$）/mg	0.04	锰/mg	0.07
核黄素（维生素B$_2$）/mg	0.04		

以上数据整理自《中国食物成分表》2009版第一册，2004版第二册。

胡萝卜鲜虾条

适合月龄：满 11 月 +

难度：

时间：25 分钟

咀嚼期（满 11 ~ 12 月龄）P$_{50}$ 体重孩子的配餐之一，图中质地和分量可做参考，可以根据宝宝的实际情况酌情调整。

◎ 食材准备

咀嚼期（推荐比例）：去皮胡萝卜 20g、鲜虾仁 10g、淀粉适量

◎ 制作步骤

1. 去皮胡萝卜洗净，锅内放适量水，放入胡萝卜煮烂，捞出备用。
2. 鲜虾洗净，去头去尾剥壳，除虾线，再次洗净。
3. 将虾仁剁成泥状，胡萝卜压成泥状，和虾泥混合搅拌均匀，装入裱花袋。
4. 锅内放适量水，煮沸后将胡萝卜虾泥从裱花袋中挤出条状，倒入锅内，等虾条浮起再煮 2 分钟即可。
5. 取适合宝宝的量。

儿科医生妈妈贴士

1. 虾条可以给宝宝当手指食物。
2. 可以尝试用同样方法用菜泥和肉泥做手指食物。

甘薯（红心）Sweet potato

甘薯又叫地瓜、山芋、番薯等，是旋花科草本块根植物，含有丰富的碳水化合物、蛋白质、维生素、矿物质和膳食纤维等营养素。根据块根内部的颜色不同，大致划分为白肉、黄（红）肉和紫肉三个类型。白肉型，淀粉含量相对最高，色素含量很低；黄肉型，淀粉少糖分高，类胡萝卜素含量很高，类胡萝卜素含量越高颜色越深；紫肉型，淀粉少蛋白质含量高，基本不含类胡萝卜素，含有大量的花青素，花青素含量越高颜色越深。

甘薯（红心）的营养成分			
成分	含量	成分	含量
食部/%	90	尼克酸/mg	0.6
水分/g	73.4	维生素C/mg	26
能量/kcal	102	维生素E/mg	0.28
蛋白质/g	1.1	钙/mg	23
脂肪/g	0.2	磷/mg	39
碳水化合物/g	24.7	钾/mg	130
不溶性纤维/g	1.6	钠/mg	28.5
胆固醇/mg	—	镁/mg	12
灰分/g	0.6	铁/mg	0.5
总维生素A/μgRE	125	锌/mg	0.15
胡萝卜素/μg	750	硒/μg	0.48
视黄醇/μg	—	铜/mg	0.18
硫胺素（维生素B_1）/mg	0.04	锰/mg	0.11
核黄素（维生素B_2）/mg	0.04		

以上数据整理自《中国食物成分表》2009版第一册，2004版第二册。

双薯饼

适合月龄：满 11 月 +

难度：

时间：20 分钟

咀嚼期（满 11 ~ 12 月龄）P50 体重孩子的配餐之一，图中质地和分量可做参考，可以根据宝宝的实际情况酌情调整。

◎ 食材准备

咀嚼期（推荐比例）：去皮紫薯 20g、去皮红薯 20g、中筋面粉适量

◎ 制作步骤

1. 将去皮红薯、去皮紫薯洗净，蒸锅内放水，煮沸后放入红薯、紫薯大火蒸熟，取出后分别用勺子碾成泥。
2. 在红薯泥和紫薯泥中分别加入适量中筋面粉，用手揉成面团，压平，叠放在一起。
3. 煎锅热锅后，放入面饼煎至两面金黄至熟即可装盘。用模具压制出宝宝喜欢的造型。
4. 取适合宝宝的量。

儿科医生妈妈贴士

1. 也可以将两种薯泥混合一起，最后可以用模具压出好看的形状。
2. 注意蒸红薯和紫薯时，多余的水分要倒掉，水分太多会影响造形。

第五节 冬季常见食材的辅食添加攻略

菠菜 Spinach

菠菜是绿叶蔬菜的典型代表，含有丰富的β-胡萝卜素、叶黄素、维生素B_1、维生素B_2、叶酸、维生素C、维生素K、矿物质（尤其钙和铁）和膳食纤维等营养成分。菠菜中铁的含量不低，但是属于非血红素铁，人体吸收率较低，不作为人体补铁的优选。菠菜中含有较多的草酸，会妨碍钙和铁的吸收，焯水可以去除大部分的草酸，先焯水后食用最佳。

菠菜的营养成分			
成分	含量	成分	含量
食部/%	89	尼克酸/mg	0.6
水分/g	91.2	维生素C/mg	32
能量/kcal	28	维生素E/mg	1.74
蛋白质/g	2.6	钙/mg	66
脂肪/g	0.3	磷/mg	47
碳水化合物/g	4.5	钾/mg	311
不溶性纤维/g	1.7	钠/mg	85.2
胆固醇/mg	—	镁/mg	58
灰分/g	1.4	铁/mg	2.9
总维生素A/μgRE	487	锌/mg	0.85
胡萝卜素/μg	2920	硒/μg	0.97
视黄醇/μg	—	铜/mg	0.1
硫胺素（维生素B_1）/mg	0.04	锰/mg	0.66
核黄素（维生素B_2）/mg	0.11		

以上数据整理自《中国食物成分表》2009版第一册，2004版第二册。

菠菜炒鸭肝

👕 适合月龄：满9月+　　💬 难度：⭐⭐　　🕐 时间：15分钟

细嚼期（满9~10月龄）P_{50}体重孩子的配餐之一，图中质地和分量可做参考，可以根据宝宝的实际情况酌情调整。

咀嚼期（满11~12月龄）P_{50}体重孩子的配餐之一，图中质地和分量可做参考，可以根据宝宝的实际情况酌情调整。

◎ 食材准备

细嚼期（推荐比例）：鸭肝20g、菠菜10g、亚麻籽油1g

◎ 制作步骤

1. 菠菜、鸭肝洗净，焯水，捞出，分别切块，细嚼期切成5mm左右碎块/咀嚼期切成10mm左右小块。

2. 炒锅热锅后倒入亚麻籽油，先放入鸭肝翻炒至烂，然后加入菠菜一起翻炒即可。

3. 取适合宝宝的量。

儿科医生妈妈贴士

1. 也可以将菠菜和鸡肝焯熟之后，切成合适的性状直接用芝麻油拌匀即可。

2. 菠菜含有的草酸较多，焯水之后可以去掉部分草酸。

菠菜炒虾仁

适合月龄：满 9 月 +　　难度：★ ★　　时间：10 分钟

细嚼期（满 9 ~ 10 月龄）P₅₀ 体重孩子的配餐之一，图中质地和分量可做参考，可以根据宝宝的实际情况酌情调整。

咀嚼期（满 11 ~ 12 月龄）P₅₀ 体重孩子的配餐之一，图中质地和分量可做参考，可以根据宝宝的实际情况酌情调整。

◎ 食材准备

细嚼期（推荐比例）：虾仁 20g、菠菜 10g、芝麻油 1g

◎ 制作步骤

1. 虾仁与菠菜一起洗净，氽熟，捞出，分别切块，细嚼期切成 5mm 左右碎块 / 咀嚼期切成 10mm 左右小块。
2. 将菠菜和虾仁混合，加入芝麻油拌匀即可。
3. 取适合宝宝的量。

儿科医生妈妈贴士

1. 这是一道清淡又营养的快手菜，特别适合小宝宝。
2. 焯菠菜时加入适量油能保持蔬菜翠绿的色泽。

香菇 Shitake mushroom

　　香菇是我国著名的食用菌，含有丰富的蛋白质、维生素、矿物质和膳食纤维等营养素，还含有30多种酶和18种氨基酸（其中人体所必需的8种氨基酸，香菇就含有7种），被作为纠正人体酶缺乏症和补充氨基酸的首选食物。香菇中的膳食纤维主要为香菇多糖，具有抗病毒、抗肿瘤、调节免疫功能和刺激干扰素形成等作用。

香菇的营养成分			
成分	含量	成分	含量
食部/%	100	尼克酸/mg	2
水分/g	91.7	维生素C/mg	1
能量/kcal	26	维生素E/mg	—
蛋白质/g	2.2	钙/mg	2
脂肪/g	0.3	磷/mg	53
碳水化合物/g	5.2	钾/mg	20
不溶性纤维/g	3.3	钠/mg	1.4
胆固醇/mg	—	镁/mg	11
灰分/g	0.6	铁/mg	0.3
总维生素A/μgRE	—	锌/mg	0.66
胡萝卜素/μg	—	硒/μg	2.58
视黄醇/μg	—	铜/mg	0.12
硫胺素（维生素B$_1$）/mg	Tr	锰/mg	0.25
核黄素（维生素B$_2$）/mg	0.08		

以上数据整理自《中国食物成分表》2009版第一册，2004版第二册。

三鲜汤

☺ 适合月龄：满9月+　　　◯ 难度：　　　　◯ 时间：10分钟

细嚼期（满9~10月龄）P$_{50}$体重孩子的配餐之一，图中质地和分量可做参考，可以根据宝宝的实际情况酌情调整。
咀嚼期（满11~12月龄）P$_{50}$体重孩子的配餐之一，图中质地和分量可做参考，可以根据宝宝的实际情况酌情调整。

◎ 食材准备

细嚼期（推荐比例）：香菇10g、虾仁10g、去皮黄瓜5g、芝麻油1g、水适量

◎ 制作步骤

1. 香菇、虾仁、去皮黄瓜洗净，焯水，捞出，分别切块，细嚼期切成5mm左右碎块 / 咀嚼期切成10mm左右小块。
2. 锅内放适量水，煮沸后先放入香菇、黄瓜翻煮1分钟，然后放入虾仁煮熟，关火加入芝麻油即可。
3. 取适合宝宝的量。

儿科医生妈妈贴士

1. 虾仁最好购买新鲜的虾来剥壳。
2. 汤底也可以用来做三鲜面，非常清爽可口。

香菇肉糜

适合月龄：满 9 月 +

难度：★★★

时间：20 分钟

细嚼期（满 9 ~ 10 月龄）P$_{50}$ 体重孩子的配餐之一，图中质地和分量可做参考，可以根据宝宝的实际情况酌情调整。

◎ 食材准备

细嚼期（推荐比例）：牛肉 25g、香菇 5g、芝麻油 1g、淀粉适量、香葱适量

◎ 制作步骤

1. 香菇、牛肉洗净，切碎，剁成泥状，混合搅拌均匀。
2. 加入适量加水的淀粉和芝麻油，用筷子顺时针搅打上劲。
3. 取 3 个小香菇，剪去蒂，洗净，将香菇牛肉泥放在香菇上面，然后放入碗中。
4. 蒸锅内放适量水，煮沸后放入碗，大火蒸 10 分钟左右，关火后撒上适量香葱即可。
5. 取适合宝宝的量。

儿科医生妈妈贴士

1. 可以选择干香菇或者鲜香菇，如果选用的是干香菇，需要将干香菇泡发后剪去蒂。
2. 蒸出来的汤汁，还可以用水许水淀粉勾芡，淋到香菇上即可。

大白菜 *Chinese cabbage*

　　大白菜是一种水分很高热量很低的蔬菜，属于十字花科蔬菜，经常吃十字花科蔬菜的人心血管疾病和肿瘤的发生风险都较低。大白菜含有丰富的维生素、矿物质和膳食纤维等营养素，还富含多种抗氧化的营养成分。尽量避免长时间的炖煮，长时间的烹饪会损失食物中的维生素，降低食物本身的营养价值。

大白菜的营养成分			
成分	含量	成分	含量
食部/%	87	尼克酸/mg	0.6
水分/g	94.6	维生素C/mg	31
能量/kcal	18	维生素E/mg	0.76
蛋白质/g	1.5	钙/mg	50
脂肪/g	0.1	磷/mg	31
碳水化合物/g	3.2	钾/mg	—
不溶性纤维/g	0.8	钠/mg	57.5
胆固醇/mg	—	镁/mg	11
灰分/g	0.6	铁/mg	0.7
总维生素A/μgRE	20	锌/mg	0.38
胡萝卜素/μg	120	硒/μg	0.49
视黄醇/μg	—	铜/mg	0.05
硫胺素（维生素B_1）/mg	0.04	锰/mg	0.15
核黄素（维生素B_2）/mg	0.05		

以上数据整理自《中国食物成分表》2009版第一册，2004版第二册。

白菜肉汤

👕 适合月龄：满 9 月 +　　🍳 难度：★★☆　　⏰ 时间：15 分钟

细嚼期（满 9 ~ 10 月龄）P₅₀ 体重孩子的配餐之一，图中质地和分量可做参考，可以根据宝宝的实际情况酌情调整。

咀嚼期（满 11 ~ 12 月龄）P₅₀ 体重孩子的配餐之一，图中质地和分量可做参考，可以根据宝宝的实际情况酌情调整。

◎ 食材准备

细嚼期（推荐比例）：牛肉 20g、白菜 10g、芝麻油 1g、水适量

◎ 制作步骤

1. 白菜、牛肉洗净，焯水，捞出，分别切块，细嚼期切成 5mm 左右碎块 / 咀嚼期切成 10mm 左右小块。

2. 锅内放适量水，煮沸后先放入牛肉翻滚 2 分钟，然后放入白菜翻煮片刻，关火加入芝麻油即可。

3. 取适合宝宝的量。

儿科医生妈妈贴士

1. 在宝宝胃口不好的时候还可以适当放几滴醋改变味道，让宝宝胃口大开。
2. 尽量选择白菜叶，这容易熟，宝宝咀嚼也容易。

西兰花 Broccoli

　　西兰花属于十字花科蔬菜，营养成分全面且含量较高，含有丰富的碳水化合物、蛋白质、脂肪、矿物质、维生素和膳食纤维等营养素。与其他绿叶蔬菜相比，蛋白质含量高出2倍以上，维生素C含量高出2倍以上，胡萝卜素、叶酸的含量尤为丰富，还含有抗炎作用的萝卜硫素，被认为是营养价值很高的一种蔬菜。

西兰花的营养成分			
成分	含量	成分	含量
食部/%	83	尼克酸/mg	0.9
水分/g	90.3	维生素C/mg	51
能量/kcal	36	维生素E/mg	0.91
蛋白质/g	4.1	钙/mg	67
脂肪/g	0.6	磷/mg	72
碳水化合物/g	4.3	钾/mg	17
不溶性纤维/g	1.6	钠/mg	18.8
胆固醇/mg	—	镁/mg	17
灰分/g	0.7	铁/mg	1
总维生素A/μgRE	1202	锌/mg	0.78
胡萝卜素/μg	7210	硒/μg	0.7
视黄醇/μg	—	铜/mg	0.03
硫胺素（维生素B_1）/mg	0.09	锰/mg	0.24
核黄素（维生素B_2）/mg	0.13		

以上数据整理自《中国食物成分表》2009版第一册，2004版第二册。

西兰花浓汤

🍼 适合月龄：满9月 +　　　　　🍞 难度：杖杖　　　　　⏱ 时间：15 分钟

细嚼期（满 9 ~ 10 月龄）P₅₀ 体重孩子的配餐之一，图中质地和分量可做参考，可以根据宝宝的实际情况酌情调整。

咀嚼期（满 11 ~ 12 月龄）P₅₀ 体重孩子的配餐之一，图中质地和分量可做参考，可以根据宝宝的实际情况酌情调整。

◎ 食材准备

细嚼期（推荐比例）：牛肉 20g、西兰花 10g、中筋面粉 5g、奶酪 5g、水适量

◎ 制作步骤

1. 西兰花、牛肉洗净，焯水，捞出，分别切块，细嚼期切成 5mm 左右碎块 / 咀嚼期切成 10mm 左右小块。

2. 锅内放适量水，煮沸之后先放入牛肉大火翻煮 2 分钟，然后放入西兰花翻滚 1 分钟。

3. 中筋面粉加入适量水混合，倒入锅内，不断搅拌，放入奶酪，小火煮至黏稠即可。

4. 取适合宝宝的量。

儿科医生妈妈贴士

1. 也可以将西兰花、牛肉一起放入辅食机搅拌成泥状再煮。
2. 西蓝花营养丰富，加入浓汤中，可以增加口感和营养。

第六节 让宝宝更爱吃的辅食添加攻略
（自制零食）

西瓜 Watermelon

西瓜属于高升糖指数的水果。西瓜又叫水瓜，顾名思义是种水分很高的瓜果，适合补充水分、预防脱水，因为凉爽还能在一定程度上缓解咽喉疼痛。西瓜含有丰富的维生素、矿物质和膳食纤维等营养素，还富含有益血管健康并且有着抗氧化、抗炎和抗癌作用的番茄红素。

西瓜的营养成分			
成分	含量	成分	含量
食部/%	56	尼克酸/mg	0.2
水分/g	93.3	维生素C/mg	6
能量/kcal	26	维生素E/mg	0.1
蛋白质/g	0.6	钙/mg	8
脂肪/g	0.1	磷/mg	9
碳水化合物/g	5.8	钾/mg	87
不溶性纤维/g	0.3	钠/mg	3.2
胆固醇/mg	—	镁/mg	8
灰分/g	0.2	铁/mg	0.3
总维生素A/μgRE	75	锌/mg	0.1
胡萝卜素/μg	450	硒/μg	0.17
视黄醇/μg	—	铜/mg	0.05
硫胺素（维生素B_1）/mg	0.02	锰/mg	0.05
核黄素（维生素B_2）/mg	0.03		

以上数据整理自《中国食物成分表》2009版第一册，2004版第二册。

西瓜西米露

适合月龄：满 10 月 +

难度：★★

时间：50 分钟

细嚼期（满 9 ~ 10 月龄）P$_{50}$ 体重孩子的配餐之一，图中质地和分量可做参考，可以根据宝宝的实际情况酌情调整。

◎ 食材准备

细嚼期（推荐比例）：西瓜肉 25g、西米 5g、水适量

◎ 制作步骤

1. 西米洗净，锅内放适量水，放入西米，大火煮开，转小火煮 20 分钟，关火焖 15 分钟（西米变成透明即可）。
2. 捞出西米倒入凉开水，静置 5 分钟，捞出，沥干。
3. 西瓜肉洗净，放入辅食机搅打成西瓜汁。
4. 将西米和西瓜汁混合即可。
5. 取适合宝宝的量。

儿科医生妈妈贴士

1. 孩子如果有口腔疱疹等疾病时，可以将西米露冰镇后食用，能够适当帮助宝宝补充水分和营养。
2. 小朋友喝的时候可以使用吸管，要注意让孩子不要喝太快以免呛到。

鸭梨 *Pear*

鸭梨是公认的健康水果之一，含有丰富的维生素、矿物质和膳食纤维等营养素。由于鸭梨不易引起过敏，不溶性的纤维素、果糖和糖醇的含量较高，可以促进肠道蠕动，增加大便水分，具有一定的导泻作用，非常适合便秘的孩子食用。

鸭梨的营养成分			
成分	含量	成分	含量
食部/%	82	尼克酸/mg	0.2
水分/g	88.3	维生素C/mg	4
能量/kcal	45	维生素E/mg	0.31
蛋白质/g	0.2	钙/mg	4
脂肪/g	0.2	磷/mg	14
碳水化合物/g	11.1	钾/mg	77
不溶性纤维/g	1.1	钠/mg	1.5
胆固醇/mg	—	镁/mg	5
灰分/g	0.2	铁/mg	0.9
总维生素A/μgRE	2	锌/mg	0.1
胡萝卜素/μg	10	硒/μg	0.28
视黄醇/μg	—	铜/mg	0.19
硫胺素（维生素B_1）/mg	0.03	锰/mg	0.06
核黄素（维生素B_2）/mg	0.03		

以上数据整理自《中国食物成分表》2009版第一册，2004版第二册。

百合炖梨

适合月龄：满 10 月 +

难度：

时间：20 分钟

细嚼期（满 9 ~ 10 月龄）P$_{50}$ 体重孩子的配餐之一，图中质地和分量可做参考，可以根据宝宝的实际情况酌情调整。

◎ 食材准备

细嚼期（推荐比例）：去皮梨肉 25g、鲜百合 5g、水适量

◎ 制作步骤

1. 鲜百合、去皮梨肉洗净，切成 10mm 左右碎块（干百合也可以，但需要放入温水中浸泡半天）。
2. 锅内放适量水，煮沸后先放入梨肉炖烂，再放入百合，小火煮 15 分钟即可。
3. 取适合宝宝的量。

儿科医生妈妈贴士

1. 梨选用多汁的丰水梨、雪梨都可以。
2. 选用的是鲜百合煮，建议中途再放，这样不会煮得很烂。

木瓜 Papaya

木瓜属于常见的热带水果之一，含有丰富的维生素、矿物质和膳食纤维等营养素，尤其富含β-胡萝卜素。木瓜可以用来补充维生素A，因为β-胡萝卜素在体内可以转化成为维生素A，如果在短时间内大量摄入，β-胡萝卜素转化成维生素A的效率会大大下降，不容易引起维生素A过量，不过需要注意长期大量摄入可能出现"高胡萝卜素血症"（手掌、脚掌和面部的皮肤明显发黄，但巩膜不黄）。

木瓜的营养成分			
成分	含量	成分	含量
食部/%	86	尼克酸/mg	0.3
水分/g	92.2	维生素C/mg	43
能量/kcal	29	维生素E/mg	0.3
蛋白质/g	0.4	钙/mg	17
脂肪/g	0.1	磷/mg	12
碳水化合物/g	7	钾/mg	18
不溶性纤维/g	0.8	钠/mg	28
胆固醇/mg	—	镁/mg	9
灰分/g	0.3	铁/mg	0.2
总维生素A/μgRE	145	锌/mg	0.25
胡萝卜素/μg	870	硒/μg	1.8
视黄醇/μg	—	铜/mg	0.03
硫胺素（维生素B_1）/mg	0.01	锰/mg	0.05
核黄素（维生素B_2）/mg	0.02		

以上数据整理自《中国食物成分表》2009版第一册，2004版第二册。

木瓜布丁

适合月龄：满 10 月 +

难度：★★★

时间：20 分钟

细嚼期（满 9 ~ 10 月龄）P$_{50}$ 体重孩子的配餐之一，图中质地和分量可做参考，可以根据宝宝的实际情况酌情调整。

◎ 食材准备

细嚼期（推荐比例）：鸡蛋液 10g、配方奶 / 母乳 10g、木瓜肉 5g、水适量

◎ 制作步骤

1. 木瓜肉洗净，用勺子压成泥。
2. 鸡蛋液中加入木瓜泥和配方奶 / 母乳，再加适量水搅拌均匀，用筛网过筛后倒入杯中。
3. 蒸锅内放适量水，煮沸后放入杯子蒸 10 分钟左右，冷却之后即可食用。
4. 取适合宝宝的量。

儿科医生妈妈贴士

1. 夏天可以放入冰箱冷藏，口感更好。
2. 木瓜记得选择熟透的，这样口感更甜。

香蕉 Banana

　　香蕉是公认的健康水果之一，含有大量的碳水化合物，同时含有丰富的维生素、矿物质和膳食纤维等营养素。香蕉富含钾元素，是一种高钾低钠型水果。由于香蕉质地柔软易于消化，碳水化合物和钾元素含量高，非常适合腹泻的孩子食用，补充能量的同时补充腹泻时丢失的钾元素。

香蕉的营养成分			
成分	含量	成分	含量
食部/%	59	尼克酸/mg	0.7
水分/g	75.8	维生素C/mg	8
能量/kcal	93	维生素E/mg	0.24
蛋白质/g	1.4	钙/mg	7
脂肪/g	0.2	磷/mg	28
碳水化合物/g	22	钾/mg	256
不溶性纤维/g	1.2	钠/mg	0.8
胆固醇/mg	—	镁/mg	43
灰分/g	0.6	铁/mg	0.4
总维生素A/μgRE	10	锌/mg	0.18
胡萝卜素/μg	60	硒/μg	0.87
视黄醇/μg	—	铜/mg	0.14
硫胺素（维生素B$_1$）/mg	0.02	锰/mg	0.65
核黄素（维生素B$_2$）/mg	0.04		

以上数据整理自《中国食物成分表》2009版第一册，2004版第二册。

香蕉可丽饼

适合月龄：满 10 月 +

难度：

时间：15 分钟

细嚼期（满 9 ~ 10 月龄）P_{50} 体重孩子的配餐之一，图中质地和分量可做参考，可以根据宝宝的实际情况酌情调整。

◎ 食材准备

细嚼期（推荐比例）：低筋面粉 10g、鸡蛋液 10g、去皮香蕉 5g、水适量

◎ 制作步骤

1. 鸡蛋液倒入低筋面粉，加适量水用手动打蛋器搅拌均匀（搅拌成可流动的米糊）。
2. 煎锅热锅后，舀一勺面糊平铺在锅底，迅速转动，到面粉糊完全覆盖住锅底，小火煎至两面金黄即可，装盘备用。
3. 将去皮香蕉切碎放入蛋饼内，将蛋饼两边卷起即可。
4. 取适合宝宝的量。

儿科医生妈妈贴士

1. 使用煎锅摊饼的时候速度要快，否则饼摊不平。
2. 制饼皮做好后可以连锅一起放在湿布上，能有效地快速降温，更快取出饼皮。

草莓 Strawberry

草莓属于相对低热量的水果（每100g草莓大约32kcal热量，每100g苹果大约54kcal热量，每100g香蕉大约93kcal热量，每100g牛油果大约161kcal热量）。草莓含有丰富的维生素、矿物质（尤其是钾）和膳食纤维等营养素，尤其富含维生素C。草莓中维生素C的含量与橙子大体相当（每100g草莓含约47mg的维生素C，每100g橙子含约33mg的维生素C），不过草莓也是农残较高的水果之一，适量食用为好。

草莓的营养成分			
成分	含量	成分	含量
食部/%	97	尼克酸/mg	0.3
水分/g	91.3	维生素C/mg	47
能量/kcal	32	维生素E/mg	0.71
蛋白质/g	1	钙/mg	18
脂肪/g	0.2	磷/mg	27
碳水化合物/g	7.1	钾/mg	131
不溶性纤维/g	1.1	钠/mg	4.2
胆固醇/mg	—	镁/mg	12
灰分/g	0.4	铁/mg	1.8
总维生素A/μgRE	5	锌/mg	0.14
胡萝卜素/μg	30	硒/μg	0.7
视黄醇/μg		铜/mg	0.04
硫胺素（维生素B_1）/mg	0.02	锰/mg	0.49
核黄素（维生素B_2）/mg	0.03		

以上数据整理自《中国食物成分表》2009版第一册，2004版第二册。

草莓玛芬

👕 适合月龄：满 10 月 +

👨‍🍳 难度：🎩🎩🎩

🕐 时间：30 分钟（5 份量时间）

细嚼期（满 9 ~ 10 月龄）P₅₀ 体重孩子的配餐之一，图中质地和分量可做参考，可以根据宝宝的实际情况酌情调整。

◎ 食材准备

细嚼期（推荐比例）：鸡蛋液 15g、低筋面粉 10g、草莓肉 5g、水适量

本次取 5 份的量：鸡蛋 75g、低筋面粉 50g、草莓肉 25g、水适量

◎ 制作步骤

1. 草莓肉洗净，切成 5mm 大小的小块。

2. 打散鸡蛋，放入无油无水的盆里，用电动打蛋器打发，打发到提起来纹路不会马上消失即可。

3. 将低筋面粉用筛网过筛筛入鸡蛋液中，根据面糊的性状加适量水（面糊为可以流动的浓稠状）。

4. 然后倒入切碎的草莓一起翻拌均匀。

5. 预热烤箱，200℃，5 分钟。将草莓鸡蛋糊倒入模具，8 分满即可。

6. 将模具放在烤盘上，放入烤箱中层，上下火烤 20 分钟（牙签插入拔出来的时候没有沾到黏稠物即熟）。

7. 取适合宝宝的量（约 1 个）。

儿科医生妈妈贴士

1. 第一次给宝宝食用草莓时，要记得注意观察宝宝是否过敏。

2. 没有泡打粉的玛芬，一样可以膨松而且对宝宝健康更有利。

橙子 Orange

橙子是公认的健康水果之一，含有丰富的维生素、矿物质（尤其是钾）和膳食纤维等营养素，尤其富含维生素C。橙子富含钾元素，是一种高钾低钠型水果。橙子非常适合用来补充维生素C，每100g橙子含约33mg的维生素C，比香蕉、鸭梨、苹果分别高8倍、10倍、16倍左右。

橙子的营养成分			
成分	含量	成分	含量
食部/%	74	尼克酸/mg	0.3
水分/g	87.4	维生素C/mg	33
能量/kcal	48	维生素E/mg	0.56
蛋白质/g	0.8	钙/mg	20
脂肪/g	0.2	磷/mg	22
碳水化合物/g	11.1	钾/mg	159
不溶性纤维/g	0.6	钠/mg	1.2
胆固醇/mg	—	镁/mg	14
灰分/g	0.5	铁/mg	0.4
总维生素A/μgRE	27	锌/mg	0.14
胡萝卜素/μg	160	硒/μg	0.31
视黄醇/μg	—	铜/mg	0.03
硫胺素（维生素B_1）/mg	0.05	锰/mg	0.05
核黄素（维生素B_2）/mg	0.04		

以上数据整理自《中国食物成分表》2009版第一册，2004版第二册。

香橙小蛋糕

👕 适合月龄：满 10 月 +

🍴 难度：担担担

🕐 时间：35 分钟（5 份量时间）

细嚼期（满 9 ~ 10 月龄）P$_{50}$ 体重孩子的配餐之一，图中质地和分量可做参考，可以根据宝宝的实际情况酌情调整。

◎ 食材准备

细嚼期（推荐比例）：鸡蛋液 15g、低筋面粉 10g、橙子肉 5g、水适量

本次取 5 份的量：鸡蛋 75g、低筋面粉 50g、橙子肉 25g、水适量

◎ 制作步骤

1. 分离蛋白和蛋黄，蛋白放入无油无水的盆里，放入冰箱冷藏备用。
2. 橙子肉洗净，切成碎粒放入蛋黄，将低筋面粉用筛网过筛筛入蛋黄橙肉中，加适量水搅拌成细腻可以流动的面糊。
3. 取出蛋白，用电动打蛋器打发到湿性发泡，用打蛋器画一个 8 字不会很快消失即可。
4. 将打发好的蛋白分 3 次加入蛋黄橙肉糊中，搅拌均匀，倒入模具中，8 分满即可。
5. 蒸锅内放水，煮沸后放入模具大火蒸 20 分钟左右，关火焖 5 分钟即可。
6. 取出模具倒扣，至不烫手即可脱模。
7. 取适合宝宝的量（约 1 个）。

儿科医生妈妈贴士

其实橙皮也是个好东西呢，可以将橙皮切成细丝混合橙肉一起食用，要将橙皮内里的白色东西尽量去除，否则会有苦味。

苹果 Apple

苹果是公认的健康水果之一，含有丰富的维生素、矿物质和膳食纤维等营养素，尤其富含钾元素，是一种高钾低钠型水果，还富含果糖、果胶、有机酸、多酚类、黄酮类等成分。果胶促进肠道蠕动，可以预防便秘；有机酸、多酚类、黄酮类等成分与维生素一起构成抗氧化系统，可以帮助人体清除代谢垃圾。

苹果的营养成分			
成分	含量	成分	含量
食部/%	76	尼克酸/mg	0.2
水分/g	85.9	维生素C/mg	4
能量/kcal	54	维生素E/mg	2.12
蛋白质/g	0.2	钙/mg	4
脂肪/g	0.2	磷/mg	12
碳水化合物/g	13.5	钾/mg	119
不溶性纤维/g	1.2	钠/mg	1.6
胆固醇/mg	—	镁/mg	4
灰分/g	0.2	铁/mg	0.6
总维生素A/μgRE	3	锌/mg	0.19
胡萝卜素/μg	20	硒/μg	0.12
视黄醇/μg	—	铜/mg	0.06
硫胺素（维生素B_1）/mg	0.06	锰/mg	0.03
核黄素（维生素B_2）/mg	0.02		

以上数据整理自《中国食物成分表》2009版第一册，2004版第二册。

苹果磨牙棒

🏷 适合月龄：满6月+　　🍞 难度：❤❤❤　　⏰ 时间：45分钟（10份量时间）

细嚼期（满9～10月龄）P₅₀体重孩子的配餐之一，图中质地和分量可做参考，可以根据宝宝的实际情况酌情调整。

◎ 食材准备

细嚼期（推荐比例）：低筋面粉10g、鸡蛋液10g、苹果肉5g

本次取10份的量：低筋面粉100g、鸡蛋100g、苹果肉50g

◎ 制作步骤

1. 苹果肉洗净，切碎，放入辅食机搅打成泥，装盘备用。

2. 打散鸡蛋，其中的4/5放入苹果泥和低筋面粉混合，搅拌均匀，用手揉成不粘手的光滑面团，盖上布静置15分钟左右。

3. 取出醒好的面团，放在案板上，用擀面杖擀成厚度为5mm的长方形，切条，蠕嚼期切成宽为3cm长为10cm左右的细条 / 细嚼期切成宽为1cm长为5cm左右的细条。

4. 预热烤箱，170度，5分钟。烤盘上铺一层烘焙纸。

5. 将苹果鸡蛋条放在烤盘上，用剩余的1/5鸡蛋液刷在面条表面，将烤盘放入烤箱，170℃烤15～20分钟左右。

6. 晾凉以后取适合宝宝的量。

儿科医生妈妈贴士

1. 根据宝宝的精细运动发展，满6月龄的宝宝需要略粗的磨牙棒，以方便他用手抓握（如左上图所示），满9～10月龄的宝宝需要略细的磨牙棒，以方便他用手指捏取（如右上图所示）。

2. 如果宝宝对蛋白过敏，可以换成等量的蛋黄液。

3. 多做的磨牙棒可以密封保存，3天内吃完。

4. 每个烤箱温度不一样，15分钟时注意观察面皮表面，变金黄即可。

牛油果 *Avocado*

牛油果又叫鳄梨，最大特色就是热量高，每100g牛油果大约161kcal热量，是普通水果热量的3～5倍。牛油果富含脂肪，烹制食物时可以用来替代油脂，维生素、矿物质和膳食纤维等含量也较高，而且脂肪酸以单不饱和脂肪酸为主，虽然属于营养价值较高的水果，但也不必神话它。

牛油果的营养成分			
成分	含量	成分	含量
食部/%	100	尼克酸/mg	1.9
水分/g	74.3	维生素C/mg	8
能量/kcal	161	维生素E/mg	—
蛋白质/g	2	钙/mg	11
脂肪/g	15.3	磷/mg	41
碳水化合物/g	7.4	钾/mg	599
不溶性纤维/g	2.1	钠/mg	10
胆固醇/mg	—	镁/mg	39
灰分/g	1	铁/mg	1
总维生素A/μgRE	61	锌/mg	0.42
胡萝卜素/μg	—	硒/μg	—
视黄醇/μg	—	铜/mg	0.26
硫胺素（维生素B$_1$）/mg	0.11	锰/mg	0.23
核黄素（维生素B$_2$）/mg	0.12		

以上数据整理自《中国食物成分表》2009版第一册，2004版第二册。

牛油果蛋糕卷

适合月龄：满 10 月 +

难度：搅搅搅搅

时间：40 分钟（5 份量时间）

细嚼期（满 9～10 月龄）P_{50} 体重孩子的配餐之一，图中质地和分量可做参考，可以根据宝宝的实际情况酌情调整。

◎ 食材准备

细嚼期（推荐比例）：鸡蛋液 10g、低筋面粉 10g、牛油果肉 5g、水适量

本次取 5 份的量：鸡蛋 50g、低筋面粉 50g、牛油果肉 25g、水适量

◎ 制作步骤

1. 分离蛋白蛋黄，蛋白放入无水无油的盆中，打发到湿性发泡，用打蛋器画一个 8 字不会很快消失即可。

2. 用筛网过筛低筋面粉，倒入蛋黄中，加适量水搅拌均匀成细腻的面糊。

3. 将打发好的蛋白分三次加入蛋黄面糊中翻拌均匀。

4. 预热烤箱，120℃，5 分钟。烤盘铺上烘焙纸，倒入翻拌好的面糊，将烤盘在桌上震动去除大气泡。

5. 将烤盘放入烤箱中层，上下火 120 度烤 8 分钟即可，冷却后脱模备用（根据烤盘的大小调整时间）。

6. 牛油果肉洗净搅打成泥，均匀抹在蛋糕表面，轻轻卷起蛋糕，然后切块（刀可以沾湿后切，这样不容易粘连）。

7. 取适合宝宝的量。

儿科医生妈妈贴士

1. 在打发蛋白时要注意，打发过头蛋糕容易开裂，卷不起来。
2. 牛油果的营养丰富，但很多宝宝不适应气味，换个做法更容易让宝宝接受。

儿科医生妈妈系列图书

《虾米妈咪营养辅食黄金方案（6～12月龄卷）》（已出版）

《虾米妈咪营养辅食黄金方案（13～24月龄卷）》（已出版）

《虾米妈咪儿童急救黄金方案》（即将出版，敬请期待）

《虾米妈咪母乳哺育黄金方案》（即将出版，敬请期待）

《辅食怎么吃，宝宝更健康》（即将出版，敬请期待）

《辅食怎么做，宝宝爱上吃》（即将出版，敬请期待）